知识产权卓越人才培养系列教材

丛书主编：于杨曜

欧洲专利制度研究

徐　明　编著

華東理工大學出版社
EAST CHINA UNIVERSITY OF SCIENCE AND TECHNOLOGY PRESS
·上海·

图书在版编目(CIP)数据

欧洲专利制度研究/徐明编著.—上海：华东理工大学出版社,2017.9
知识产权卓越人才培养系列教材
ISBN 978-7-5628-5135-6

Ⅰ.①欧… Ⅱ.①徐… Ⅲ.①专利制度—欧洲—教材 Ⅳ.①G306.3

中国版本图书馆 CIP 数据核字(2017)第 182366 号

项目统筹 / 韩 婷
责任编辑 / 韩 婷 马夫娇
装帧设计 / 徐 蓉
出版发行 / 华东理工大学出版社有限公司
地址：上海市梅陇路 130 号,200237
电话：021-64250306
网址：www.ecustpress.cn
邮箱：zongbianban@ecustpress.cn
印 刷 / 杭州日报报业集团盛元印务有限公司
开 本 / 710 mm×1000 mm 1/16
印 张 / 10
字 数 / 147 千字
版 次 / 2017 年 9 月第 1 版
印 次 / 2017 年 9 月第 1 次
定 价 / 48.00 元

丛书前言

series preface

随着科技的飞速发展和全球经济一体化的快速推进,世界各国在经济领域的竞争手段发生了巨大变化,知识产权越来越显示出其作为商业竞争工具的重要特性。自 2006 年我国政府提出向创新型国家转型以来,我国在知识产权领域的理论研究、司法实践、企业运用、高校技术转化等方面均取得了较大的进步;在陆续对专利法、著作权法、商标法进行修订之后,新一轮的著作权法、专利法、反不正当竞争法修订工作正在展开;公众认知方面也逐渐营造出了尊重知识产权的氛围。在"大众创业、万众创新"的新环境下,各领域对知识产权的重视站上了新高度。

在这一大环境下,我们期望能以自己的微薄之力助力创新型国家的建设。作为高校的知识产权相关专业教师,在法学院知识产权专业人才的培养和理工科学生的知识产权实务教育中有所作为,播下创新保护的种子,帮助学生与国际规则接轨,是我们的职责所在。

华东理工大学知识产权研究中心成立已有十多年,中心依托校法学院,突出文理交叉学科优势,专注专利法理论和实务研究及教学,探索复合型的知识产权法律人才培养模式,已经取得了较好的成绩,毕业生获得用人单位的一致好评。2012 年,华东理工大学法学院成功申报了"上海卓越法律人才培养基地",作为卓越人才培养特色方向之一,知识产权特色教材成为学科建设的一项重要工作。结合本中心教师的研究背景、外语语言优势及学生课程教学需求,我们推出本套"知识产权卓越人才培养系列教材",第一批专注于专利制度方向,包括《专利检索与信息分析实务》《欧洲专利制度研究》《韩国专利法研究》以及《日本专利法研究》。本套系列教材是上海卓越法律人才培养基地(知识产权方向)系列教材与课程建设的重要组成部分,适用于包括理工专业在内的本科、研究生的各学历层次教学，也适用于相关行业的技术研发人员和法律人士学习。同时，本套教材也丰富和弥补了市场上相关专业书籍的不足。

知识产权制度是高度国际化的制度，也是极为注重实践的制度，希望本套丛书的推出能够为相关实务教学和法律研究提供一些新的思路和启发。本套系列教材还存在一些不足，需要在建设和发展的过程中不断地探索和完善。衷心感谢上海市知识产权局对我校应用复合型知识产权人才培养的鼎力支持，感谢上海市卓越法律人才培养基地知识产权方向特聘校外导师张斌、陈惠珍、刘军华、林衍华、张晓都、朱妙春、章鸣玉等的悉心指导，感谢华东理工大学教务处的全力帮助。我们将继续积极探索知识产权应用型复合型人才培养模式和人才培养规律，为我国知识产权发展及创新型国家建设做出我们应有的贡献。

于杨曜

2017 年 5 月

前 言

preface

欧洲是世界专利制度的发源地。1236 年,英国国王亨利三世授予一个市民制作各色布匹十五年的垄断权;1474 年,世界上第一部具有近代特征的专利法在威尼斯共和国诞生;1623 年,英国制定《垄断法规》;此后 1791 年的法国、1877 年的德国也相继颁布了自己的专利法。1973 年,欧洲十四个国家在德国慕尼黑签署了《欧洲专利公约》,并于 1978 年正式生效,成为欧洲第一部真正意义上的跨国专利公约。2000 年,《欧洲专利公约》进行了最重要的一次修订,新公约被称为《欧洲专利公约(2000 年)》,并于 2007 年 12 月 13 日正式生效。作为欧洲专利审查与授权的重要部门,欧洲专利局与美国专利商标局、日本专利局并称世界三大专利局,同时也是世界上最大的区域性专利局。如今,欧洲专利制度已经成为世界专利制度中最重要的组成部分之一。

《欧洲专利公约(2000 年)》及其实施细则具有鲜明的特色,它并不排除成员国自身专利法的适用,而是采取了与之并行的做法,在专利生效问题和语言问题方面进行了统一。从法律条款来看,在专利申请、审查、授权、异议、限制性修改、撤销、上诉等环节,当事人可以采用任何一种官方语言(英语、德语、法语)依据一部公约解决在不同国家专利法律效力的问题。与我国专利制度相比,欧洲专利公约主要具有以下四个方面的特色。

欧洲专利公约的第一个特色在于申请方式的统一。尽管立法属于一个国家的主权范围,其有权决定是否给予一件发明创造以专利权,但是欧洲专利公约为申请人提供了便捷的专利申请流程,申请人只需要按照公约统一的实体和程序标准提出申请,如果满足了专利申请受理的条件,就能够在指定的缔约成员国获得与国家专利申请相同的效力,取得相同的申请日,这大大减轻了申请人原先需要在不同国家提出专利申请的负担。

欧洲专利公约的第二个特色在于与审查决定的互认。公约第Ⅱ部分对实体专利法进行规定,即专利授权的实体条件。在通过形式审查并缴纳费用后,如果一件发明创造属于可以授予专利权的客体,满足三性(新颖性、创造性、实用性)要求,并且具有单一性,那么欧洲专利局将会作出授予专利权的审查决定,依据该决定,专利申请人可以在不同指定的缔约国获得专利权。欧洲专利的保护期为二十年,从欧洲专利申请日开始计算。审查决定的互认并不意味着专利权的互认,一件发明创造未指定的成员国,当事人并不享有专利权,自然也无法获得专利保护。

欧洲专利公约的第三个特色在于限制性修改制度。在我国,一件发明创造被授权后,如果专利人想要修改专利权的保护范围,只能启动无效程序,自己无效(部分无效)自己的专利权,它与第三方提出的专利无效并无差异。依据欧洲专利公约的规定,一件发明创造被授权后,如果专利人想要修改专利权的保护范围,可以启动限制性修改制度,主动修改权利要求,以缩小专利权的保护范围。只要修改后的权利要求能够得到说明书的支持,就能够得到允许,从而不至于使权利要求的保护范围被异议程序过度缩小。限制性修改制度也为保护社会公众利益、将技术方案升级为技术标准提供了更方便的渠道。

欧洲专利公约的第四个特色在于上诉制度。在我国,如果当事人对知识产权局作出的驳回决定、授权决定不服,可以向专利复审委员会启动复审或无效程序。在欧洲,如果当事人对受理处、审查部、异议部和法律部所作出的决定不服,可以向上诉委员会提出上诉。上诉委员会的决定是终局的,但是在特殊情况下,当事人可以请求扩大上诉委员会复审。在扩大上诉委员会作出决定前,由上诉委员会作出的决定仍然具有效力,不会产生中止执行的情形。

实际上,专利制度也许是世界上统一性最高的制度之一,尤其在《巴黎公约》《专利合作条约》的框架下,各国政府在专利创造、运用、保护和管理的法律与政策都有相同之处。笔者推定本书读者已经具有一定的专利基础,至少熟悉我国专利法的基本内容,因此,本书并没有对每一项法条的原理或案例进行过于详细的阐述，旨在使读者能够简明快速地了解欧洲专利制度的基本情况。

本书从欧洲专利制度的起源与现状述及，详细介绍了欧洲专利申请的实体要求、程度要求、审查制度以及欧洲专利的异议制度、限制与撤销制度、上诉制度、Euro-PCT 专利申请制度。

为了方便读者定位本书中部分内容引用的法条，本书依据法条的内容，使用例如【A52.2】和【R41.2】的方式进行标注，并在附录中对《欧洲专利公约（2000 年）》和《欧洲专利公约（2000 年）实施细则》的结构进行了中英文对照。

鉴于作者水平有限，书中不足之处，敬请读者批评指正。

徐明

2017 年 2 月于上海

目　录

contents

第一章　欧洲专利制度的起源与现状 ▶001

第一节　欧洲专利制度的起源／003

第二节　欧洲专利制度的现状／005

第二章　欧洲专利申请的实体要求 ▶014

第一节　重要法律主体／014

第二节　专利授权的基本条件／026

第三节　专利保护期与保护范围／036

第四节　财产性权利的转让与许可／042

第五节　专利代理与专利代理人／044

第三章　欧洲专利申请的程序要求 ▶051

第一节　专利申请与申请书的要求／051

第二节　专利申请日与优先权日／062

第三节　单一性与分案申请／067

第四节　语言与翻译／070

第五节　其他统一规定／074

第四章　欧洲专利申请的审查制度 ▶090

第一节　专利审查的基本原则／090

第二节　形式审查、检索报告与实质审查／091
第三节　专利申请的授权与驳回／101

第五章　欧洲专利的异议制度 ▶106
第一节　异议的基本条件／107
第二节　异议的审查过程／110
第三节　异议的法律效力／115
第四节　异议的救济途径／116

第六章　欧洲专利的限制与撤销制度 ▶118
第一节　限制与撤销制度概况／118
第二节　限制与撤销制度的程序／120

第七章　欧洲专利的上诉制度 ▶125
第一节　上诉的基本条件／125
第二节　上诉委员会的审查／129
第三节　扩大上诉委员会的审查与复审／132

第八章　Euro－PCT 专利申请制度 ▶136
第一节　PCT 制度简介／136
第二节　国际阶段欧洲专利局的角色／139

参考文献 ▶143
附录 1　《欧洲专利公约(2000 年)》结构 ▶144
附录 2　《欧洲专利公约(2000 年)实施细则》结构 ▶146

第一章　欧洲专利制度的起源与现状

本章要点

（1）欧洲专利制度的起源；

（2）欧洲专利局的主要部门与业务总部；

（3）欧洲统一专利法院的管辖权与法律适用；

（4）欧洲专利制度的官方语言。

欧洲是世界专利制度的起源地，影响着世界各国专利法和国际专利条约的制定。1474 年，威尼斯颁布了世界上第一部专利法，首次给予技术创新者以法律上的垄断权；1623 年，英国议会颁布了具有现代意义的专利保护法律条例《垄断权条例》；1791 年，法国引进了以公开发明内容来换取保护的法律制度，这部法律明确任何“发现或者新发明”都属于原创者的财产；1877 年，德国颁布了专利法，由德国专利局接受专利、实用新型的申请案。欧洲国家众多，在此不一一列举。专利制度的诞生本身也是人类最伟大的发明之一，它通过给予创新者一定时间的垄断权，换取其公开技术方案的内容，从而推动了整个人类工业文明的快速发展。

1973 年，欧洲 14 个国家在德国慕尼黑签订了《欧洲专利公约》（European Patent Convention），并于 1978 年正式生效。2000 年，《欧洲专利公约》进行了最重要的一次修订，新公约被称为《欧洲专利公约

(2000年)》，并于2007年12月13日正式生效。2006年12月7日，欧洲专利组织下设的行政理事会通过《欧洲专利公约（2000年）实施细则》(Implementing Regulations to the Convention on the Grant of European Patents)①。2016年6月，欧洲专利局出版了《公约》第16版，这是截至本书编写之日的最新版本。

本书基于《公约》及其《实施细则》，对欧洲专利行政部门、申请与审查的实体及程序问题、上诉、异议和撤销制度等内容进行阐述。为了方便读者定位法条原文，本书用英文简写的方式对条文加以标注，使用“A”(Article)代表《公约》、“R”(Rule)代表《实施细则》。例如：

A52——代表《公约》第52条

A52. 2——代表《公约》第52条第2款

A52. 2. a——代表《公约》第52条第2款a项

R41——代表《实施细则》第41条

R41. 2——代表《实施细则》第41条第2款

R41. 2. a——代表《实施细则》第41条第2款a项

本书中对条款的标注并不完全是法律条款原文的对应译文，而是在其意思上进行的改写，以便读者更简明地理解条款的意思。如需进一步获得原文——《公约》及其《实施细则》的英语和德语版本，可以访问欧洲专利局官方网站并下载，链接为：http://www.epo.org/law-practice/legal-texts/epc.html。中文版本可参考《简明欧洲专利法》②。

需要说明的是，本书中的“发明”并不是指我国《专利法》第2条中规定的发明（与实用新型、外观设计相并列），而是指一种发明创造(Invention)。实际上，《公约》及《实施细则》并没有对专利的类型进行区分，而是留给成员国各自的国内法律加以解决。

---

① 为方便阅读，除明确说明之外，后文所称《欧洲专利公约》或《公约》均指《欧洲专利公约（2000年）》，《实施细则》或《细则》均指《欧洲专利公约（2000年）实施细则》。

② ［英］理查德·哈康，［德］约亨·帕根贝格．简明欧洲专利法．何怀文，刘国伟，译．北京：商务印书馆，2015.

第一节　欧洲专利制度的起源

一、欧洲最早的专利制度

1474 年，威尼斯共和国正式颁布并实施《专利法》，成为欧洲第一部专利法，也是世界上第一部专利法。实际上，早在 15 世纪 20 年代，威尼斯就已经存在着专利的概念。著名建筑设计师 Brunelleschi 设计的配备有起重机的石料运输船就被授予了专利，从而实现了相关技术的垄断，只是当时的制度尚不完善。1474 年，威尼斯元老院颁布法案，对专利制度条款进行规范，这是世界上第一部最接近现代专利制度的法律，也是世界专利保护制度的起源。此后，著名科学家伽利略发明的扬水灌溉机获得了 20 年的专利权。

在同一时期，英国国王开始为技术工人颁发专利证书，授予垄断权利。到 17 世纪，英国专利制度发展为具有现代意义的专利保护制度，其标志性的事件为 1623 年英国议会颁布的《垄断权条例》，这是世界上第一部现代含义的专利法。该部法律确定的许多基本原则和定义沿用至今。英国专利制度的实施对技术创新直接起到了保护和激励作用，大量工业化设备得以发明，这一切为英国资本主义产业革命奠定了物质基础。继英国之后，其他资本主义国家也陆续颁布了专利法，例如，美国（1790 年）、法国（1791 年）、德国（1877 年）以及日本（1885 年）。第二次世界大战之后，亚洲、非洲、拉丁美洲的许多发展中国家也开始着手制定符合自身国情的专利制度。

欧洲专利制度的统一与发展与欧盟的成立密切相关。1991 年 12 月，欧洲共同体马斯特里赫特首脑会议通过《欧洲联盟条约》（也称为《马斯特里赫特条约》）。1993 年 11 月 1 日，《欧洲联盟条约》正式生效，宣告了欧盟的成立。欧盟成立的重要目的之一是建立一个欧洲范围内统一的共同市场。不久后，欧盟在经济、政治、贸易等方面取得了一定成果，作为支撑科技、经济、文化繁荣发展的专利制度也得以发展，欧盟对欧洲各国专利制度的趋同起到了重要的推动作用。

二、欧洲第一部专利公约

为便于世界各国在国际范围内开展专利合作与交流，国际专利组织与国际专利条约的步伐逐渐加快。1973年，欧洲14个国家签署了《欧洲专利公约（1973年）》，并于1978年正式生效，成为欧洲第一部真正意义上的跨国专利公约。《欧洲专利公约（1973年）》的签订，与其他专利国际条约一样，成为影响世界各国专利立法的区域性专利条约。截至目前，部分重要国际条约仍然发挥着很大的作用，表1-1列出了这些国际条约的议订年份、名称与最新修订年份。

表1-1　部分重要的国际条约

议订年份	国际条约名称	最新修订年份
1883年	《保护工业产权巴黎公约》	1979年
1970年	《专利合作条约》	2001年
1971年	《国际专利分类斯特拉斯堡协定》	—
1973年	《欧洲专利公约》	—
1975年	《欧洲共同体专利公约》	1989年
1977年	《用于专利程序的微生物保存布达佩斯条约》	1980年
1993年	《与贸易有关的知识产权协定》	—
2000年	《专利法条约》	—
2000年	《欧洲专利公约（2000年）》	2016年
2006年	《欧洲专利公约（2000年）实施细则》	2015年
2006年	《专利法条约实施细则》	—

除表1-1所列内容之外，1949年欧洲理事会提出创建欧洲专利的可能性，1953年签订《关于专利申请格式要求的欧洲公约》，1954年签订《关于发明专利国际分类的欧洲公约》，1963年签订《统一发明专利实体法中某些规定的公约》，这些都是实践专利制度一体化的标志性公约。2015年5月，欧盟法院针对一揽子单一专利（Unitary Patent Package，UPP）撤销了法律屏障，认定成立新单一专利及其语言框架的条例与欧盟

法律不冲突，欧洲单一专利又向前迈出了决定性的一步。

第二节　欧洲专利制度的现状

目前，欧洲的专利制度已经成为世界专利制度中十分重要的组成部分。众所周知，由于立法属于一个国家的主权范围，而区域性国际条约必须在不同的国内法之间寻求共识点，因此区域性国际条约的制定一直面临很大的障碍。从欧洲专利公约的实践来看，跨国界专利制度的建立需要解决三大难题，具体如下：

（1）生效问题，需要统一专利法律效力，克服传统专利的地域性特征；

（2）保护问题，需要克服专利侵权时管辖法院与法律适用冲突的障碍；

（3）语言问题，需要限定专利各阶段事务的官方语言和可被接受语言。

面对上述三大难题，欧盟分步进行了统一。其中，欧洲专利局、欧洲单一专利制度、欧洲专利公约及其实施细则用以解决专利生效问题和申请与审查中的语言问题；欧洲专利保护与统一专利法院用以解决专利保护问题和专利诉讼中的语言问题。

一、生效问题的统一

欧洲专利组织下设欧洲专利局与行政委员会【A4.2】，由于行政委员会的主要作用是监督欧洲专利局，并不处理具体的专利事务，在此不作介绍。

1. 欧洲专利局概况

成立于1977年的欧洲专利局（European Patent Office，EPO）是欧洲专利申请与授权环节中最重要的执行机构，与美国专利商标局（United States Patent and Trademark Office，USPTO）、日本专利局（Japan Patent Office，JPO）并称世界三大专利局，并且也是世界上最大的区域性专利局。自 1977 年成立时的 8 个成员国到如今的 38 个成员国和 2 个延伸国，欧洲专利局一直致力于开拓成员伙伴。值得敬佩的是，作为具有一定行政属性的部门，欧洲专利局在财务上实行自治【A4】，其运营支出来源于专利申请人和专利权人缴纳的费用，高质量的专利服务水平无疑是欧洲专利局长期坚持的原则。

欧洲专利局的主要职能是负责各成员国申请人提交的欧洲专利申请、审批、异议、上诉等工作，其建立以《公约》为法律基础，根据《公约》第 15 条的规定，欧洲专利局设置的主要部门及其工作职能如表 1 - 2 所示。

表 1 - 2　欧洲专利局设置的主要部门及其工作职能

主要部门	工作职能
受理处（Receiving Section）	对欧洲专利申请进行形式审查
检索部（Search Divisions）	作出欧洲专利检索报告
审查部（Examining Divisions）	对欧洲专利申请进行实质审查
异议部（Opposition Divisions）	审查公众对欧洲专利提出的异议
法律部（Legal Division）	管理专利登记簿及专利代理人
上诉委员会（Boards of Appeal）	处理对以上部门决定不服的上诉
扩大上诉委员会（Enlarged Board of Appeal）	统一法律适用，解决重大法律争议

在部门数量上，欧洲专利局设置一个受理处、多个检索部、多个审查部、多个异议部、一个法律部、多个上诉委员会以及一个扩大上诉委员会【A15】。

欧洲专利局总部位于德国慕尼黑，下属设立五个业务总部，除第一总部位于荷兰海牙之外，其余四个总部也都位于德国慕尼黑【A6】。五个业务总部各有分工，如表 1 - 3 所示。

表 1 - 3　欧洲专利局五个总部及其业务分工

总部	业务分工
第一业务总部	专利申请的形式审查，专利检索
第二业务总部	专利申请的实质审查，专利异议

续　表

总　　部	业　务　分　工
第三业务总部	上诉委员会，扩大上诉委员会
第四业务总部	一般性的专利行政服务
第五业务总部	处理法律事务和国际事务

上述五个业务总部分别由欧洲专利局的副局长担任负责人，该副局长由行政理事会任命。欧洲专利局的工作人员、总部的负责人及其他工作人员需要尽到非常严格的保密义务，即使从工作岗位上离职，也不得向第三方披露任何在其工作期间具有保密要求的信息【A12】。

为了加强沟通联络，经成员国或工业产权方面的政府间组织同意，欧洲专利局可以根据需要在成员国或上述组织设立分局【A7】。目前，欧洲专利局在布鲁塞尔设立了分局，但该分局的作用仅限于联络，并不具有受理欧洲专利申请的职能。

2. 欧洲单一专利制度概况

2013 年 1 月，《关于欧洲单一专利的条例草案——创设单一专利保护的第 1257/2012 号条例》和《关于单一专利保护的翻译问题的第 1260/2012 号条例》正式生效；2014 年 1 月 1 日，欧洲单一专利制度正式生效。欧洲单一专利，又被称为“具备统一效力的欧洲专利”，它是由欧洲专利局根据《公约》的规定统一授予的一项专利权，但该专利权却能够在各个欧盟成员国（截至 2016 年 6 月 24 日，欧盟共有 28 个成员国）具有统一的专利效力，从而成为一件名副其实的“跨国专利”。

欧洲单一专利制度大大降低了专利申请人在不同国家获得专利授权的时间成本和经济成本，在此项制度尚未建立之时，专利申请人如果想在所有成员国中保护其发明创造，就必须在每个国家都分别提交专利申请，同时也将会产生数倍的支出及不一致的结果。欧洲单一专利的诞生可以降低专利跨国专利保护费用、提高专利在多国专利保护的稳定性以及消除国家地域性对专利保护效力的阻碍，该制度在专利制度国际一体化进程中，具有里程碑式的重要意义。

3. 欧洲专利公约及其实施细则概况

2000年，《欧洲专利公约（1973年）》进行了重大修订，其实体制度和程序规则都进行了调整，新公约即《欧洲专利公约（2000年）》，也被简称为“EPC2000”，于2007年12月13日正式生效。

基于《公约》的规定，欧洲专利局在单一专利制度中被授予行使以下职责：受理和审查要求具有统一效力的欧洲专利申请；登记具有统一效力的欧洲单一专利；在过渡期内出版专利翻译文本；建立并维护“单一专利保护登记机构”；收取单一专利年费，并按比例将部分年费分配到参与成员国；管理费用减免机制。

《公约》是针对欧洲专利的法律制度，规定了欧洲专利的申请、授权、异议和上诉等程序，其核心是建立一个统一审查欧洲专利申请的机制。提出欧洲专利申请时，可以指定一个、几个或全部成员国。如果欧洲专利局审查后认为符合法律规定，一旦依照公约授予专利权，即可在所有指定的成员国生效，与指定的各成员国依国家法授予的专利具有同等效力。欧洲专利公约是一个地区性国家间专利组织，为各成员国提供了一个共同的法律制度和统一授予专利的程序。

《公约》起到了协调欧洲专利申请、审查与授权的作用，欧洲专利授权后，并不是一个专利，而是若干个在各指定国具有各自独立法律效力的一组专利，依照欧洲专利局的授权形式获得保护。但需要说明的是，欧洲专利制度并没有取代成员国的专利制度，而是与之平行。因此，如果希望在某一个公约成员国取得专利权，有两种方式，即向欧洲专利局提出申请并指定该成员国；或者直接向该国提出专利申请。但是，不能就同一个发明，既申请国家专利，又申请欧洲专利。此外，专利授权后的一段时间内，任何第三方均可以通过欧洲专利局的统一程序，对欧洲专利提出异议。如果根据该程序，欧洲专利局认为该专利授权错误，它将撤销该项专利，效力及于专利授权时所指定的全部成员国。

2006年12月7日，欧洲专利组织下设的行政理事会通过了《欧洲专利公约（2000）实施细则》，落实了《公约》在实际操作中的各项条款。截至本书编写时，欧洲专利局官方网站于2016年6月公布的第16版《公约》中也将最新的《实施细则》进行了公布。

二、保护问题的统一

1. 获得欧洲专利保护的途径

在欧洲，一件发明创造要申请专利主要有以下四种途径。

（1）直接适用某个国家的国内专利申请程序，向该国专利局直接申请，适用该国内部法律；

（2）向欧洲专利局提出欧洲专利申请，在申请文件中指定成员国，适用《公约》与《实施细则》的规定；

（3）提交 PCT 专利申请，在国际阶段完成后，选择进入某一个国家，适用《专利合作条约》及该国内部法律；

（4）提交 PCT 专利申请，在欧洲专利局完成国际阶段，并选择欧洲专利局作为指定局与选定局，适用《专利合作条约》《公约》与《实施细则》的规定。

考虑到一件发明创造只能够授予一项专利权的“禁止重复授权原则”，以及申请人经济成本的问题，上述四种方法需要择一适用，专利申请人或其合法的权利受让人可以根据自己的实际情况加以选择。

2. 统一专利法院

《公约》最核心的作用在于专利的申请与授权，如果欧洲专利局决定授予一件专利，则该专利在申请人指定的所有公约成员国境内都具有法律效力，但是欧洲专利局并不具有在某国撤销专利的权利，当发生专利纠纷时也不具有司法审判权，撤销权和审判权是由各成员国的行政或司法机构来行使。这不仅导致了专利保护的碎片化，而且由统一授权机构授权的专利其稳定性却具有不确定性。因此，即使在专利申请与授权环节进行了统一，但是如果没有负责裁决专利纠纷的统一法院，“同案不同判”及高昂的诉讼费仍然也会成为专利权人维权的最大障碍，这将使得专利申请与授权环节的统一失去了意义。因此，专利保护环节的统一势在必行。

2013 年 2 月 19 日，24 个欧盟成员国签署协议，决定建立欧盟统一专利法院（Unified Patent Court，UPC）。如果根据其管辖地区的国内生产总值（Gross Domestic Product，GDP）来计算，欧盟统一专利法院将成为世界上最大的专利诉讼法庭。欧盟统一专利制度主要包括两方面的内容，即欧盟统一专利的行政管理制度与统一专利法院。

由于本书后文中没有对欧洲专利诉讼的内容进行详细阐述，在此略微加以展开，对统一专利法院的结构、管辖权、法律适用进行介绍。

（1）统一专利法院结构

《统一专利法院协议》（Agreement on a Unified Patent Court）和《统一专利法院程序规则》（Rules of Procedure）是欧洲统一专利法院设立的核心法律。统一专利法院由一审法院、上诉法院和法院登记处构成，上诉法院和法院登记处位于卢森堡，一审法院位置不定。一审法院又设中央法庭、地区法庭、地方法庭，其中，地方法庭在个别欧盟成员国分别设立，如果有两个或者更多成员国不愿意设立地方法庭，则可以通过联合设立地区法庭的方法加以解决；中央法庭的总部位于法国巴黎，其分支位于英国伦敦和德国慕尼黑，分别主管化学类案件和机械类案件。统一专利法院的组织结构如图 1－1 所示。

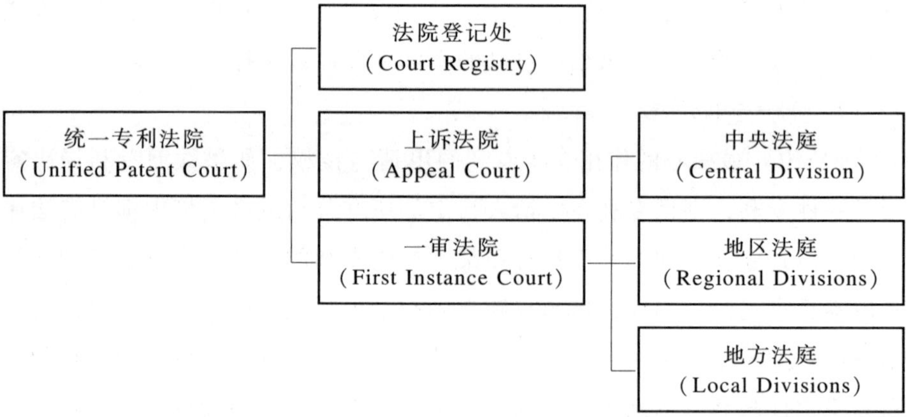

图 1－1　统一专利法院的组织结构

尽管统一专利法院为欧洲专利诉讼提供了新的途径，但由于欧洲各国专利保护水平仍然存在差异，统一专利法院将至少会有六到七年的过渡期，且统一专利法院的行政委员会有权在过渡期届满后延长七年。在过渡期内，专利侵权诉讼仍然可以选择欧盟各成员国内的法院予以受理。如果统一专利法院已经受理诉讼，那么专利权人不可以拒绝统一专利法院的司法管辖。即使诉讼已经被国内法院受理，申请人仍然可以随时撤销并再次选择。

（2）统一专利法院的管辖权

统一专利法院对发生在欧洲的专利权争议有专属管辖权，其目标是降低法律成本，在处理专利侵权案件时加快裁决的效率和速度，实现司法的统一标准。根据《统一专利法院协议》第 32 条第 1 款的规定，欧洲统一专利法院的专属管辖范围包括：

（a）由专利和补充保护证书的实际或威胁迫近的侵权而提起的诉讼及相关辩护答辩，包括涉及许可的反诉；

（b）要求确认不侵犯专利权及补充保护证书的诉讼；

（c）要求签发临时措施、保全措施和临时禁令的诉讼；

（d）要求宣告专利权无效及宣告补充保护证书无效的诉讼；

（e）要求宣告专利权无效及宣告补充保护证书无效的反诉；

（f）要求基于公开的欧洲专利申请所赋予的临时保护的损害赔偿或补偿的诉讼；

（g）与在专利授权前对发明的使用或与在先使用权相关的诉讼；

（h）要求根据《欧盟第 1257/2012 号条例》（有关统一专利保护）第 8 条支付专利许可费的诉讼；

（i）涉及欧洲专利局基于《欧盟第 1257/2012 号条例》（有关统一专利保护）第 9 条所作出的决定的诉讼。

（3）统一专利法院的法律适用

统一专利法院所适用的法律由三个部分组成：

① 欧盟法、欧盟协议、欧洲统一专利协议，例如《欧洲专利公约》；

② 其他可以适用的、约束各成员国的专利国际条约或协议，例如《与贸易有关的知识产权协定》和《专利合作条约》等；

③ 与专利保护相关的其他国际法。

统一专利法院并不是本书的重点，且其至今尚处于过渡期阶段，相关法律和司法实践仍处于协调阶段，本部分不进行详细展开。

三、语言问题的统一

在专利申请与授权环节中，欧洲专利局及《公约》中规定的官方语言为英语、法语及德语，任何一件通过欧洲专利局提交的专利申请，均应当使用官方语言进行提交。尽管西班牙和意大利曾经反对仅采用这三种语言作为官方语言，但目前欧洲专利局仍然仅接受使用官方语言提交的材料。

官方语言对于专利申请非常重要。对于专利申请中必不可少的文件，例如权利要求书、说明书等，如果申请人使用了其他语言，必须翻译为上述三种官方语言之一，方可被欧洲专利局所接受，如果专利申请人逾期没有提交符合要求的翻译材料，其专利申请将被视为撤回。对于专利申请中的其他文件，例如优先权证明、不丧失新颖性的证明等，如果申请人使用了其他语言且逾期没有翻译为上述三种官方语言之一，虽然其专利申请不会被视为撤回，但是使用其他语言所提交的文件会被视为未提出，从而造成不利于专利申请人的局面。

在专利纠纷的诉讼环节中，基于统一专利法院的规定，诉讼当事人所在缔约国可以行使语言选择权，从欧洲专利局三种官方语言中任选其一并将其指定为该地区法庭的诉讼语言。在法庭批准的前提下，诉讼当事人也可以协商在公平原则的基础上采用成员国授予专利权的语言，从而在专利诉讼中更好地向法院解释专利权的保护范围。

四、其他单行制度

除《公约》及其实施细则、《统一专利法院协议》之外，欧洲专利制度还包括一些单行制度，以下列出其中较为重要的几种制度名称：

（1）《欧洲专利审查指南》；

（2）《关于欧洲专利制度一体化和制度导入的议定书》；

（3）《关于对授予欧洲专利权的决定承认和司法管辖的议定书》；

（4）《专利权纠纷的管辖权和司法判决相互承认的议定书》；

（5）《关于欧洲专利组织特权与豁免的议定书》；

（6）《关于为医药产品建立的补充保护证书的第 1768/92 号条例》；

(7)《关于为植物保护产品建立的补充保护证书的第 1610/96 号条例》；

(8)《关于生物技术发明的法律保护指令（98/44/EC)》。

上述制度作为重要的法律补充，对欧洲专利的创造、运用、保护和管理起到了不可或缺的作用，其英语版本可以在欧洲专利局官方网站下载。

思考与练习

1. 世界上第一部专利法何时在何地诞生？
2. 欧洲专利局有哪些部门？其主要职能是什么？
3. 欧洲单一专利制度的作用和意义是什么？
4. 在欧洲某个国家获得专利权有哪些途径？
5. 统一专利法院的作用和意义是什么？
6. 统一专利法院的法律适用由哪几部分组成？
7. 欧洲专利公约所使用的官方语言有哪些？

第二章　欧洲专利申请的实体要求

本章要点

(1) 专利申请人资格的确定，专利申请权纠纷的处理；

(2) 欧洲专利权人资格的确定；

(3) 专利发明人的署名权，发明人的指定；

(4) 可授予专利的发明与不可授予专利的发明；

(5) 专利三性（新颖性、创造性、实用性）的条件；

(6) 欧洲专利的最长保护期、专利保护范围；

(7) 专利权中财产性权利的转让、许可及其适用的法律；

(8) 欧洲专利代理人的注册条件；

(9) 代理人-委托人证据特权。

第一节　重要法律主体

法律主体方面需要解决以下三个问题。第一，在专利申请阶段，谁有资格提出专利申请?第二，在专利授权阶段，谁有资格成为专利权人?第三，谁有资格成为专利的发明人?发明人拥有哪些权利?《公约》对上述三个问题进行了明确规定。

一、申请人

1. 专利申请人的资格

任何自然人、法人及等同于法人的其他组织，都能够以自己的名义提出欧洲专利申请【A58】。从上述规定可以看出，对于提出欧洲专利申请的主体国籍、住所地或营业地并未限制，即使申请人所属国是欧盟成员国之外的国家，甚至是无国籍人，也都有资格（Entitlement）提出欧洲专利申请。

当然，由于申请专利是一项民事法律行为，因此，申请人本身既需要具有民事权利能力，又需要具有相应的民事行为能力。具体而言，如果申请人是自然人，应当符合欧洲法律中关于自然人民事行为能力的规定；如果申请人是法人或其他组织，应当使用其注册成立时的正式名称，不能以法人的职能部门、分支机构或其他名义提出专利申请，否则将被认为无资格（Non-entitled Persons）。

2. 专利申请权纠纷的处理

一旦申请人被认定不具有提出欧洲专利申请的资格，即使发明创造具有可专利性，也仍然会面临无法授权的风险。此时，如果第三方能够证明自己有权取得发明创造的申请权，该第三方就能够在以下三条途径中进行选择【A61.1】：

（a）取代原申请人的地位，以自己的名义继续专利申请程序；

（b）针对同样的发明创造，另行提出一件新的欧洲专利申请；

（c）要求驳回该欧洲专利的申请。

欧洲专利的分案申请【A76.1】比照适用上述（b）项的选择【A61.2】。当然，第三方如果想要行使选择权，就必须在法律上确认自己才是真正有资格的申请人，该确认必须通过向法院起诉的方式进行，由某一家具有管辖权的法院作出的司法判决。

（1）审查程序的中止

在大多数情况下，欧洲专利局的审查员并不会对专利申请人是否具有申请资格进行实质审查，实际上，“无资格人提出欧洲专利申请”的情况大多发生在专利申请权纠纷时。一旦发生申请权的权属纠纷，审查员根本不知道应当把相关文件送达何人，也不知道应当通知何人对审查意见进行答辩。假如重要通知被送达错误的申请人处，则会损害真正有资格申请人的合法权利。错误的申请人还可能撤回专利申请或者修改申请文件使保护范围过于狭窄，导致真正的申请人处于不利的局面。可以看出，一旦发生专利申请权纠纷，中止审查程序是十分必要的。

当然，该中止程序只会在欧洲专利申请被公布后才会启动，因为只有当专利申请被公布后，第三方才有可能获知这一情况。并且，对于此处所指的审查程序中止，必须发生在该欧洲专利公告授权之前【R16.1.b】，即申请审查阶段。如果该专利已经获得了授权，即表明欧洲专利局已经完成了审查与授权工作，第三方只能以专利权归属纠纷为由诉诸有管辖权的法院。

因此，当一件专利正处于审查阶段时，如果第三方以专利申请权纠纷将申请人起诉至法院，并且通知了欧洲专利局，那么欧洲专利局将会立即中止审查程序，并等待法院的判决，除非该第三方同意欧洲专利局继续进行审查程序。该“同意”的声明一旦作出便不可撤销【R14.1】。中止审查的流程如图 2－1 所示。

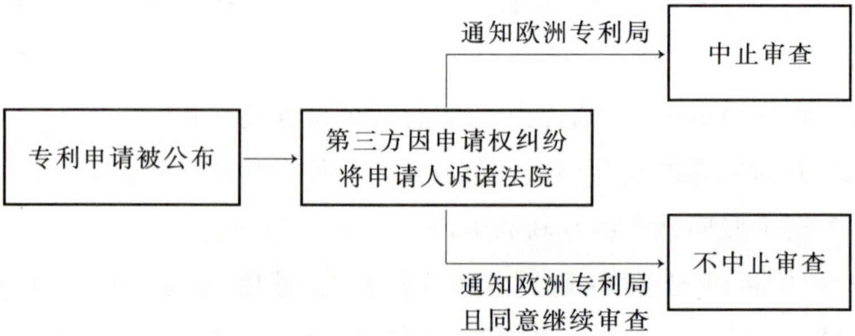

图 2－1　中止审查程序的流程

一旦第三方向欧洲专利局提供了证据，证明其已经向法院提出了专利申请权归属的诉讼，那么直到欧洲专利局恢复审查程序之日止，专利申请人不得撤回欧洲专利申请，也不得撤回对任何成员国的指定，以防造成对真正专利申请人不利的局面【R15】。

（2）审查程序的恢复

专利申请权归属纠纷会出现以下三种情况之一：

① 第三方才是有资格的专利申请人或部分技术内容的专利申请人；

② 原专利申请人是有资格的专利申请人；

③ 第三方和原专利申请人都没有资格，有资格的申请人另有其人。

一旦法院作出了生效判决，专利审查程序就应当恢复。

当出现上述（1）的情况（即有利于第三方）时，必须在司法判决生效3个月届满后，欧洲专利局才能够自行恢复审查程序，除非第三方主动要求恢复审查程序【R14.2】。这是由于当发生有利于第三方的情形时，必须给其一定的思考时间，从替代原申请人、另行申请及撤回申请【A61.1】这三种选择中作出决定，如果第三方逾期并未作出选择，则欧洲专利局默认为第三方替代原申请人的地位，恢复审查程序。但如果将来第三方未提交相应的主体证明材料、未缴纳费用，或者未按指定期限答复通知，则专利申请将被视为撤回。

当出现上述（2）的情况（即不利于第三方）或（3）的情况（也不利于第三方）时，欧洲专利局应当向申请人及相关当事人发出通知，通知中写明恢复审查的日期，自该日期到达后恢复审查程序。

恢复审查程序的流程如图2－2所示。

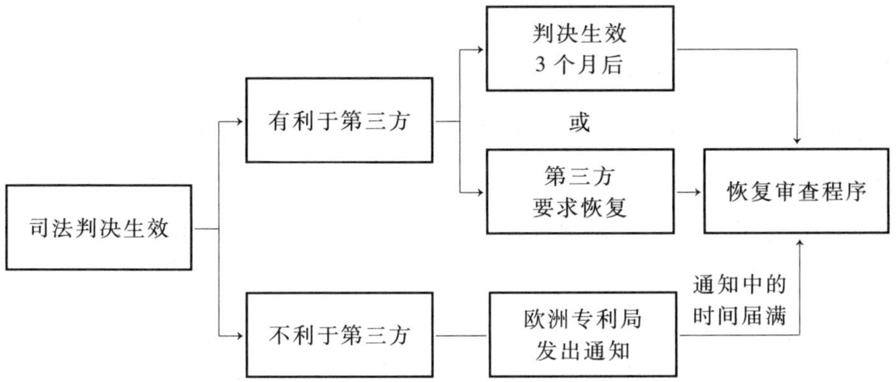

图2－2　恢复审查程序的流程

如果法院认定第三方是真正有资格的专利申请人，且该第三方选择了《公约》第61条第1款（b）项，则：针对同样的发明创造，另行提出一件新的欧洲专利申请，那么原专利申请自新申请提交之日起在指定的国家被视为撤回【R17.1】。在费用方面，原专利申请人缴纳的费用不能被第三方所继受，第三方必须在新申请提交之日起1个月内缴纳专利申请费和检索费，否则新的申请会被视为撤回【R17.2】。如果第三方提出的新申请并未向欧洲专利局提交，而是向某个成员国的专利局提交【A75. 1. b】，该成员国专利局应当在4个月期限内向欧洲专利局移送，逾期未转送的，专利申请将被视为撤回【A77】。指定费（即欧洲专利申请提高后指定某一成员国时所需缴纳的费用）应当在欧洲专利公报上新专利申请欧洲检索报告公布之日起6个月内缴纳【R17. 3】。

如果法院认定第三方只是对部分技术内容有申请专利的资格，那么针对这一部分的技术内容，第三方可以从《公约》第61条第1款的三种选择中作出决定，同样适用于上述规定【R18】。

（3）审查程序的继续

不难看出，一旦第三方对专利申请权的归属提出挑战，就会导致专利审查时间的拖延。由于欧洲专利局并不具有审核真正专利申请人的能力和权力，也无法判断第三方提出挑战的主观意愿是善意还是恶意，因此，这种对专利申请权提出挑战的做法很容易成为商业界恶性竞争的手段，进而达到拖延竞争对手专利授权的目的。

对于这种“拖延战”，欧洲专利局可以进行自由裁量，尽量避免将审查周期过度延后。欧洲专利局可以在作出中止审查程序的同时再指明一个将来恢复审查程序的日期，当所规定的日期届满后，即使法院尚未作出专利申请权归属的生效判决，欧洲专利局也能够继续进行审查程序，从而避免了审查周期被第三方恶意拖延的情况【R14. 3】。继续审查程序的流程可以用图2－3来表示。

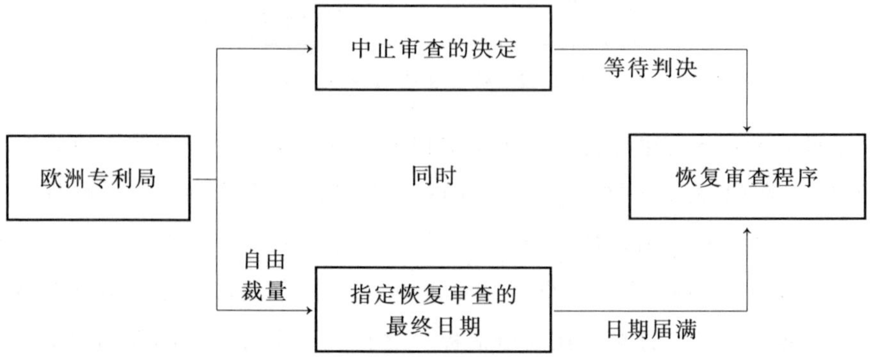

图2－3　继续审查程序的流程

图 2－3 中最终日期的指定给予了欧洲专利局恢复审查程序的新选择，它使得审查员不用等待司法判决就能够恢复审查程序，将恶意拖延战给专利申请人产生的损害尽量降到最低。

（4）期限中止与恢复

一般情况下，申请人应当在欧洲专利局指定的期限内提交文件或缴纳费用，否则将面临不利后果。但是，审查程序的中止会导致期限的中止，申请人在收到审查程序中止的决定后，除维持费缴纳期限之外的所有期限都将中止计算，尚未届满的剩余期限将从审查程序恢复后继续计算。但是，如果尚未届满的期限不足 2 个月，则从审查程序恢复后，按 2 个月的期限开始计算【R14.4】。

这里所说的“维持费”是《公约》第 86 条所规定的申请维持费（Renewal Fee），它是专利申请人的一项义务，申请人从专利申请日第三年起及之后每一年，均应向欧洲专利局缴纳申请维持费，该义务到专利权人缴纳了专利授权当年的年费后终止。申请维持费是专利权人期望专利申请不间断地位于审查状态的一种意愿表示，如果逾期未缴纳申请维持费，则其专利申请将被视为撤回。因此，即使处于专利申请权诉讼阶段，专利申请人也应当在申请维持费的缴费期限内缴纳该笔费用。对比而言，我国现行专利制度中并没有申请维持费的项目。

3. 多个专利申请人的处理

欧洲专利的申请人可以是一人，也可以由多个申请人联合提出，或者由指定不同成员国的两个及以上申请人提出【A59】。此处“多个申请人”的情形是指，多个申请人基于同一个发明创造提出了一件专利申请，而非多个申请人独立提出多件专利申请。例如，美国苹果公司与我国两位自然人共同基于一件发明创造提出了专利申请，从该专利的著录项目中可以看到多个专利申请人的情形，如图 2－4 所示。

当申请人是多人时，需要对共同代表人进行指定。

（1）共同代表人的指定

出于审查文件送达与单一联系的考虑，如果出现多个申请人的情形，在专利申请的请求书中应指定一个申请人或代理人作为共同代表人

PACKET SWITCHED VOICE SERVICE REGISTRATION TECHNIQUES WITH REDUCED OVERHEAD

Page bookmark	WO2017015790 (A1) - PACKET SWITCHED VOICE SERVICE REGISTRATION TECHNIQUES WITH REDUCED OVERHEAD
Inventor(s):	LIANG HUARUI [CN]; ZHANG DAWEI [US]; WANG ZHIWEI [CN] + (LIANG, Huarui, ; ZHANG, Dawei, ; WANG, Zhiwei)
Applicant(s):	APPLE INC [US]; LIANG HUARUI [CN] + (APPLE INC, ; LIANG, Huarui)
Classification:	- **international:** ***H04W36/00***
	- **cooperative:**
Application number:	WO2015CN85056 20150724
Priority number(s):	WO2015CN85056 20150724

图 2-4 欧洲专利局公布的美国苹果公司的某专利著录项目

【R41.3】。共同代理人既可以是申请人之一，也可以是申请人委托的代理人，但必须明确指定，该指定应当写入专利申请书中。

（2）未指定共同代表人的处理

如果多个申请人在请求书中未指定共同代表人，则采用以下步骤进行处理【R151.1】：

（a）如果第一申请人委托了专利代理人，则该专利代理人为共同代表人；

（b）如果第一申请人未委托专利代理人，其他申请人委托了专利代理人，则该专利代理人为共同代表人；

（c）如果全体申请人均未委托专利代理人，则第一申请人为共同代表人；

（d）逾期仍然无法确定的，由欧洲专利局指定共同代表人。

在欧洲专利申请权转让或专利权转让过程中，如果受让方是多数且未明确指定共同代表人，则由欧洲专利局发出通知要求其指定共同代表人。未指定的，将按照上述步骤加以确定，在指定期限届满后仍然无法确定的，则由欧洲专利局指定共同代表人【R151.2】。

根据《公约》第 59 条的规定，多个申请人可以联合向欧洲专利局提出一件专利申请，但同时，在指定不同成员国时，不同指定国的专利申请人却可能是上述多个申请人中的一人或数人（不要求全体），此时，不同指定国的不同申请人被视为是同样的申请人。除非另有规定，在不同指定国的专利文本也应当完全相同【A118】。

二、专利权人

欧洲专利的权利分为：申请专利的权利、请求审查专利的权利以及拥有专利的权利。此处欧洲专利的专利权人是指第三种，即拥有专利的权利。实际上，欧洲专利的申请人和提出审查的人并不一定将成为专利权人，在指定具体成员国时，某一个成员国内的专利权人可能仅是原来多个专利申请人中的一人或数人，甚至可能会发生权利转让。并且，相对于对专利申请人的宽松政策，《公约》第60条对专利权人进行了更为严格的限制。

1. 专利权人的资格

欧洲专利权应当归属于发明人或其合法的权利受让人。如果发明人是某公司的员工，则欧洲专利权人应当根据其主要工作地所在国的法律加以确定；如果其主要工作地所在国的法律不能确定专利权归属，则应当根据其雇主单位营业地所在国的法律来加以确定【A60.1】。

如果两个及两个以上的发明人独立完成了同一件发明创造，则欧洲专利权应当授予在先申请的人，只要该专利申请已被公布【A60.2】。

在欧洲专利局的各种程序中，应当推定专利申请人是有权行使对欧洲专利权的合法当事人【A60.3】。

从上述规定来看，《公约》分别从职务发明创造、先申请原则以及专利权人资格的推定三个方面对欧洲专利的专利权人进行了规定。

2. 职务发明创造与非职务发明创造

关于专利权的归属问题，《公约》第60条第（1）款对职务发明创造与非职务发明创造进行了区分，表2-1列出了确定专利权人的方法与步骤。

表2-1　职务发明创造与非职务发明创造的专利权人

类　别	专利权人确定的步骤
职务发明创造	（1）适用于其主要工作地所在国的法律来确定； （2）若（1）无法确定，则根据其雇主单位营业地所在国的法律来确定； （3）若（2）无法确定，则参照发明人工作地所在国的法律来确定

续 表

类 别	专利权人确定的步骤
非职务发明创造	(1) 若发明人为一个，则发明人或其权利继受人为专利权人； (2) 若发明人为多个，则由发明人所在成员国的法律来确定专利权人

由于欧洲国家众多，关于职务发明创造的规定也不完全相同，无法在一部公约中对所有国家的国内法律进行统一规范，因此，上述规定是目前最合适的选择。

3. 先申请原则

专利具有排他性与垄断性，显然同一件发明创造在一个国家或地区只能授予一项专利权，当出现多个申请人基于同样的发明创造分别提出专利申请时，欧洲专利局也只能选择其中一个申请人授予专利权。目前，世界各个国家的关于专利授权的原则主要有两种，即先申请原则（First to File Principle）和先发明原则（First to Invent Principle），如表 2－2 所示。

表 2－2 专利申请的两种原则

原 则	含 义
先申请原则	当有多个申请人就相同的发明创造申请专利时，专利权只授予最先提交申请的申请人，而不管哪一个申请人最先完成发明
先发明原则	当有多个申请人就相同的发明创造申请专利时，专利权只授予最先完成发明的申请人，而不管哪一个申请人最先提交申请

无论采取哪一种申请原则，相同的发明创造只有一位申请人能够获得专利权，其余申请人则会一无所获。世界上只有极少数国家采用先发明原则，例如，美国在 2013 年 3 月之前使用该原则，但自 2013 年 3 月 16 日起已用先申请原则替代先发明原则。

《公约》第 60 条第（2）款的规定采用了先申请原则：如果两个或两个以上的人独立完成了同样的发明创造，专利将授权给欧洲专利申请日最早的人，只要该专利申请已经被公布。关于申请日、优先权日以及公开等内容，请参见本书第三章中的内容。

4. 专利权人资格的推定

如果欧洲专利局对每一件专利的专利权人是否具有资格进行实质审查，那么将产生高昂的时间和经济成本，也无法做到完全正确。因此，公约第 60 条第（3）款规定了专利权人资格的推定。事实上，除非在特定情形下，欧洲专利局不会对专利申请人是否是法律上合格的专利权人进行审查，即使申请人不是该专利的发明人，欧洲专利局也假定申请人从发明人处获得了合法的权利转让。虽然这种假定并没有证据基础，但却大大提高了专利审查的效率。

专利权人资格的推定并不意味着真正的权利人没有任何权利救济方式，实际上，一旦发明人与专利申请人或专利权人之间发生权属纠纷，任何一方都可以向法院提起确权诉讼，通过司法渠道实现权利的救济，并依据生效的判决书进行著录项目变更。

三、发明人

发明人是指对专利做出实质性贡献的人，与专利申请人和专利权人不同，发明人必须是自然人，而不能是法人或其他组织。如前文所述，申请专利的行为是民事法律行为，要求申请人具备民事权利能力和相应的民事行为能力，但是，发明行为是一种事实行为，只要事实成就便能够产生相应的法律后果。因此，发明人只需具有民事权利能力即可，对民事行为能力并无特殊的要求。实际上，即使是未成年人或精神病人也能够成为发明人，享有发明人的署名权。

1. 发明人的署名权

对于一件发明创造而言，发明人的地位非常重要，他不仅是该发明创造最原始的来源，而且是该技术方案实施、转化必不可少的骨干力量。与我国《专利法》中规定的发明人的署名权相同，欧洲专利的发明人也拥有将自己的姓名列为发明人的权利【A62】，这是一种表明身份的权利，象征着一种荣誉。在我国，如果专利属于职务发明创造，发明人还享有获得奖励和报酬的权利，尽管《公约》中并没有对职务发明奖酬作具体规定（由成员国法律加以规定），但是对于署名权还是进行了明确。

在审查专利时，欧洲专利局并不对发明人是否是真实的发明人进行实质审查，而是采用资格推定的做法，认为所列明的发明人就是真正的发明人，除非第三人提供了证据表明自己才是真正的发明人。以我国华为公司的专利为例，欧洲专利局公布了该专利的发明人，如图 2－5 所示。

CONTAINER DEPLOYMENT METHOD AND APPARATUS

Page bookmark	WO2017020612 (A1) - CONTAINER DEPLOYMENT METHOD AND APPARATUS
Inventor(s):	JIANG FEIHU [CN]; XIE JUNAN [CN]; HU RUIFENG [CN]; DING HAIYANG [CN]; JIANG YAOGUO [CN] ± (JIANG, Feihu, ; XIE, Junan, ; HU, Ruifeng, ; DING, Haiyang, ; JIANG, Yaoguo)
Applicant(s):	HUAWEI TECH CO LTD [CN] ±
Classification:	- **international:** ***G06F9/44; G06F9/50***
	- **cooperative:**
Application number:	WO2016CN80139 20160425
Priority number(s):	CN20151475714 20150806

图 2－5　华为公司某专利的发明人

从上图中可以看到，该专利的发明人共有 10 人，且均来自中国（用［CN］表示国籍）。当然，发明人也可以放弃署名权，放弃署名权的通知必须以书面形式通知欧洲专利局【R20.1】。在欧洲专利局作好专利申请的公布准备之前，发明人将该通知送达欧洲专利局即可。需要注意的是，放弃署名权只表明发明人放弃自己姓名被公开的权利，这并不会影响发明人的实际地位。

2. 发明人的指定

（1）专利申请时发明人的指定

尽管欧洲专利局推定专利申请人和专利权人已经合法地从发明人处取得了权利【A60.3】，但仍然需要在法律层面上将发明人的地位予以明确。发明人的指定（Designation of Inventor）对欧洲专利审查程序具有非常重要的意义，在专利申请时的指定方式分两步进行【A81】：

第一步，如果专利申请人就是发明人，则当然明确，应当在请求书中指定发明人；

第二步，如果专利申请人不是发明人或不是唯一的发明人，则申请人应当在单独的文件中加以指定【R19.1】，并且说明其权利的原始来源。

上述指定必须非常具体，包括发明人的姓名、联系地址以及申请人或其代理人的签字。对于原始来源，需要提供专利申请人和发明人签署的专利申请权转让协议。如果是职务发明创造，需要提供发明人是该公司员工的证明材料。欧洲专利局第 1002 号表格“Designation of inventor”对此进行了详细规定。

实际上，关于发明人的指定也采用了推定真实的做法，欧洲专利局并不对发明人指定的准确性进行审查【R19. 2】，但欧洲专利局仍然会根据这些信息，将此专利的申请号、申请日、优先权日、发明名称以及所指定的国家等通知给所列出的发明人【R19. 3】。

如果专利申请人提供了错误的发明人姓名或者联系地址，导致欧洲专利局无法准确送达给真正的发明人，即使产生了不利后果，欧洲专利局也不承担任何法律责任【R19. 4】。

（2）发明人的随后指定

如果专利申请人在提交申请文件时没有按《实施细则》第 19 条的规定对发明人进行指定，那么欧洲专利局会通知申请人该欧洲专利申请将被驳回。

提交专利申请时没有指定发明的人缺陷并非完全丧失了救济措施，如果在该专利申请日起，申请人又提出了一件新的专利申请，并要求了在先专利的优先权，那么，自优先权日起 16 个月内，申请人能够对发明人的指定进行补救，该补救措施被称为“发明人的随后指定”【R60. 1】。当然，该指定必须在欧洲专利申请出版公布的准备完成之前作出，否则将被认为是无效指定。

如果专利申请人就部分技术方案提出了分案申请，或者第三方向专利申请人的资格提出了挑战且获得了法院的支持，那么，欧洲专利局将要求申请人在指定的期限内作出发明人的指定【R60. 2】，一般情况下，指定的期限不得少于 2 个月，也不得多于 4 个月【R132】。

3. 发明人的公布

专利具有公开性的特征，除特殊情形之外，欧洲专利局登记簿上的信息均应当出版，其中，对于指定的发明人信息也应当向社会公众进行公布。除非发明人以书面形式通知欧洲专利局放弃其署名权，被指定的发明人信息将在专利申请文件和专利说明书单行本中予以公开【R20.1】。如果第三方向欧洲专利局提交了一份能够证明自己才是专利申请人或专利权人的生效判决，那么由第三方指定的发明人将适用上述的公布规定【R20.2】。

4. 发明人的更正

如果出现对发明人指定错误的情形，欧洲专利局允许对发明人进行更正，但必须满足特定的条件【R21.1】：

① 如果提出更正请求的是专利申请人或专利权人，则必须在得到原发明人的书面同意的前提下，才能对发明人信息进行更正，因为原发明人就是专利申请人或专利权人指定的，此时进行更正必须有其原因；

② 如果提出更正请求的是第三方，则必须在得到专利申请人或专利权人书面同意的前提下，才能对发明人信息进行更正。

发明人更正的程序与《实施细则》第 19 条所规定的发明人指定的程序相同。

如果发明人错误指定的信息已经在欧洲专利登记簿或欧洲专利公报上进行了公布，则欧洲专利局会对其进行更正或取消，新的信息也会在欧洲专利登记簿或欧洲专利公报上予以公布【R21.2】。

第二节　专利授权的基本条件

授予欧洲专利权的基本条件可以分为四个方面：第一，必须是一种发明，属于授权客体；第二，必须具有新颖性；第三，必须具有创造性；第四，必须适合产业应用，即具有实用性。这四个方面的规定与我国《专利法》的规定基本相同。

一、专利的授权客体

1. 可以授予专利的发明创造

（1）正面规定

在欧洲，所有科学技术领域的发明都可以授予欧洲专利，只要其具有新颖性、创造性，并适合产业应用【A52.1】。专利制度建立的目的是鼓励发明创造、促进技术公开，从而实现全社会科学技术水平的提高。从知识产权的组成部分来看，专利法主要解决科学技术领域的发明创造授权的问题，不包括文学艺术（著作权法）和商业标识（商标法）的授权。欧洲专利制度也同大多数国家一样，将文学艺术领域、商业标识领域的知识产权排除于专利保护之外。

（2）负面规定

与我国一样，《公约》也通过列举的方式对不能被授予专利权的客体进行了规定，表 2-3 列出了这些排除客体【A52.2】，并给出了相关例子。

表 2-3　欧洲专利的排除客体

排除客体	例子
发现、科学理论和数学方法	万有引力，勾股定理
审美创造	绘画作品，摄影作用
智力活动、游戏或商业活动方案与规则、商业方法、计算机软件	篮球比赛规则，字典的编排方法，计算机软件的代码本身
信息的呈现方法	用钢琴演奏乐谱

对于表 2-3 所列出的排除客体需要进行严格的限定和个案分析，只有在欧洲专利申请或欧洲专利涉及该项规定所述的主题或活动的限度内，才属于专利的排除客体【A52.3】，如果只是部分落在限度内，而另一部分具有特定的技术方案，则仍然属于专利的授权客体。

对于发现、科学理论和数学方法本身不能够被授予专利权，但是，用于发现科技规律的仪器、试剂、步骤等，却可以被授予专利权。例如，对于发现一个新的化学元素这一科技活动而言，新化学元素本身不是专利的授权客体，但为了发现这个新化学元素而发明的显微镜、试剂和实验步骤等，都能够成为专利授权的对象。再例如，万有引力不能被授予专利权，但是利用万有引力这一规律完成的发明创造，却属于专利的授权客体。

对于审美创造，用于审美的创造本身属于著作权保护的客体，在专利权的制度上予以了排除。但是，如果某一个创造既有审美作用，又能够解决技术问题，那么它仍然属于专利授权的客体。例如，汽车轮胎的纹理设计，既有审美的要求，又能够起到防滑的作用，该纹理设计就属于专利授权的客体。再例如，竹席中竹条的编排图案，既有审美的要求，又能够起到防止竹席易被撕裂的效果，该编排图案就也属于专利授权的客体。

对于智力活动、游戏或商业活动方案与规则、商业方法、计算机软件，由于其本身只是一些指令，人们通过执行这些指令能够得到特定的结果，所以不属于专利的授权客体。但是，如果其方案并不是指令本身，而是特定的技术方案，则仍然属于专利的授权客体。例如，一种信号的加密与解密方法以及一种无线传输的设备等，仍然属于专利授权的客体。

对于信息的呈现方法，由于它只是重复信息本身，仅仅换了一种呈现媒介，所以不属于专利授权的客体。例如，用钢琴演奏乐谱的方法只是通过钢琴将乐谱的内容表达了出来，这种演奏方法属于信息的呈现方法，不能够被授予专利权。但是，为了实现信息的呈现而发明的设备或者方法，由于其包括了解决技术问题的技术方案，则有可能被授予专利权。例如，同样的是演奏乐谱，如果有人发明了能够识别乐谱并发出声音的音乐笔，那么该音乐笔就能够被授予专利权。

对于上述专利排除客体的详细内容，可以参见《欧洲专利审查指南》的规定。

2. 不可授予专利的发明创造

（1）违背社会公德或妨害公共利益

对违反法律、社会公德或者妨害公共利益的发明创造不授予专利权，这已经成为世界各国专利制度公认的做法。同样，如果一个发明创造违背了社会公德或者妨害了公共利益，也不得授予欧洲专利权。但是，由于欧洲国家众多且宗教与法律各不相同，如果该发明创造仅是违反了某些成员国的法律或者被其法律所禁止利用，则不能认为是违背了社会公德或者妨害了公共利益【A53. a】。

即使是对于社会公德与公共利益，也应当进行狭义解释，以欧洲文明广泛接受为准则。显然，克隆人类的方法、修改人类遗传特征的方法、以商业目的使用人类干细胞以及修改动物遗传特征的方法等【R28】，都不可以授予欧洲专利权。

此外，对于活体人类的实验或发明创造也属于违背社会公德或妨害公共利益的情形。人体（包括其成长发育的各个阶段）以及任何一个与人体密切相连的要素或者基因，都不能够成为专利授权的客体【R29.1】。但是，如果是与人体分离的要素或者借助特定技术方案产生的要素与基因，即使其与人体自然状态下的要素或基因相同，也能够成为专利授权的客体【R29.2】。

（2）植物或动物品种

此处的植物或动物品种不包括微生物。从生物学角度来看，植物和动物品种本身是自然界的产物，它们本来就是已知自然界中的一员，是有生命的物体。无论是将特定的植物进行播种或嫁接，抑或将特定的动物进行交配，必定能够产生独一无二的、可预知的结果。需要注意的是，这里的生物繁衍方法本质上是利用了生物的自然规律【A53.b】，如果某一个环节有特定的步骤或人的参与，则针对这一个特定环节中的技术方案，不属于本条的规定。如果涉及特定的情况，生物技术发明则仍然属于专利的授权客体【R27】。

（3）疾病的诊断或治疗方法

作用于人体或动物疾病的诊断或治疗方法不能够被授予欧洲专利权【A53.c】，这里所述的诊断或治疗方法以医治疾病为限。例如，以治疗为目的的外科手术治疗、针灸、麻醉、冷冻及免疫等，都不能够被授予欧洲专利权。需要注意的是，这些方法并不包括其使用的药品，以治疗为目的的药品、器械等仍然是可以被授予专利权的客体。另外，如果诊断或治疗不是为了疾病，而是提供便利或美容，则其能够被授予专利权。例如，制造假肢或者假体的方法、单纯的美容方法等，都属于专利的授权客体。

二、新颖性条件

新颖性（Novelty）是获得欧洲专利授权的必备条件，通俗而言，必须是一件“新的”技术方案，才有可能被授予欧洲专利权。

1. 丧失新颖性的情形

在进行新颖性条件判断之前，必须明确几个关键的法律概念：现有技术（Prior Art）、技术公开（Disclosure）、占先技术（Anticipation）以及抵触申请（Conflicting Application），如表2-4所示。

表2-4 影响新颖性的关键法律概念

概 念	含 义
现有技术	申请日前已经存在且为公众所知悉的技术方案
技术公开	通过书面、口头、使用或其他任何方式，让技术方案为公众所知
占先技术	在单独对比原则下破坏专利申请新颖性的技术方案
抵触申请	申请日前就已提出过申请，并且记载在申请日后公布的文件中

当一件专利申请属于现有技术、占先技术或抵触申请时，该专利申请不具有新颖性。表2-4中的“申请日”，有优先权的是优先权日。关于申请日及优先权日的确定方式，请参见本书第三章中的内容。

（1）现有技术

现有技术直接影响着一件专利申请的新颖性。如果一个发明创造不同于现有技术，那么该技术方案就是“新的”技术方案【A54.1】。只有在申请日（有优先权的，指优先权日）之前的技术方案，才能够构成一件专利申请的现有技术。此处的“之前”不包括申请日或优先权日当天。现有技术应理解为，在欧洲专利申请日或优先权日之前，依书面、口头、使用或任何其他方法使公众能够获知的技术方案【A54.2】。

（2）技术公开

即使是在申请日（有优先权的，指优先权日）之前存在的技术方案，也未必能够破坏一件专利申请的新颖性，如果该技术方案是不为公众所知的保密方案，仍然不具有挑战专利新颖性的作用，因此，技术公开这一环节必不可少。技术公开的基准日也必须在申请日或优先权日之前，但对公开的方式、范围并没有限制。书面（如出版物）、口头（如会议发言）、使用（如展览）或其他任何方式的公开都可以构成对技术方案的披露。

技术公开必须达到为公众所知的效果，只与公开的形式有关，而与所采用的语言、公开的地点无关。所谓为公众所知，是指不特定的公众只要想获知该技术方案，就能够通过合法渠道获得该技术方案。例如，一本放置在图书馆里用印度语印刷的图书，即使无人借阅，也仍然构成技术公开。相反，当某一技术方案被置于严格的保密环境之中，则不能认为是技术公开，例如，标明“保密”字样的内部材料不能构成技术公开。但是，如果第三方未经同意将保密信息泄露，则仍然构成技术公开。

（3）占先技术

并不是所有的公开的现有技术都构成某一专利申请的占先技术，只有那些能够破坏专利申请新颖性的现有技术，才被称为占先技术。一件专利申请之所以能够被认定为具有新颖性，是由于其技术方案与现有技术方案相比，至少有一个技术特征是新的。换言之，如果该专利申请的技术方案或权利要求完全被另一个现有技术所公开，那么该现有技术便先占了这一技术的位置。在我国《专利法》中并没有占先技术的规定，而是直接将其纳入现有技术的范围之中。

（4）抵触申请

抵触申请是指在申请日前就已提出过申请，并且记载在申请日后公布的文件中。《公约》并没有对抵触申请给出明确的定义，相反，它将抵触申请作为一种现有技术来处理，认为“已经提出的欧洲专利申请的内容，如其申请日在某专利申请日以前，并且在其申请日之后才公布的，也属于现有技术”【A54.3】。

尽管抵触申请与现有技术一样都会产生破坏专利新颖性的效果，但还是应当将两者的概念进行辨析。抵触申请与现有技术的相同点在于两者在专利申请日前都已经存在；不同点在于，现有技术在专利申请日前已经公开为公众所知，而抵触申请则是在专利申请日后（含申请日当天）才以专利公布的形式公开为公众所知。如果将申请日作为基准日进行划分，抵触申请与现有技术的区别可通过表2-5加以理解。

表 2-5 抵触申请与现有技术的相同点与不同点

	申请日前	申请日后（含申请日当天）
抵触申请	不为公众所知	以专利公布的形式为公众所知
现有技术	为公众所知	为公众所知

通俗理解，抵触申请是指一件在先申请的专利虽然尚未公开，不可能为公众所知，但却由于它申请在先，且同样的发明创造只能授予一件专利申请，因此在先专利申请把在后专利申请“抵触”掉了。考虑到欧洲成员国对专利保护效力仍然具有地域性特征，抵触申请必须是一件正规的专利申请，且发生在与在后专利申请指定的相同成员国之内，才会构成对在后申请新颖性的破坏。

2. 不丧失新颖性的情形

技术公开是丧失新颖性最常见的情形，但如果技术公开发生在欧洲专利申请日（有优先权的，指优先权日）前 6 个月内，并且该公开行为满足以下情况之一，则该专利申请不丧失新颖性【A55. 1】：

（a）他人违反对申请人或其前任权利人（通常情况下是该专利的发明人）的保密义务，明显滥用的；

（b）申请人或其前任权利人根据 1928 年 11 月 22 日于巴黎签署的《国际展览公约》（1972 年 11 月 30 日最新修订）的规定，在官方举办或承认的国际展览会上展出的。

对于（a）情形，申请人在提交专利申请时可能尚不知情，因此并没有严格要求申请人在一开始就提供证明。但对于（b）情形，完全是申请人或其前任权利人自身的行为，因此只有在规定期限内提供了证明文件后【A55. 2】，才会被认为符合不丧失新颖性的条件。此处的“规定期限”与“证明文件”如表 2-6 所示【R25】。

表 2-6 展出证明的提交期限与证明文件

期限	提出欧洲专利申请后的 4 个月内
证明文件	（a）由展览期间负责在该展览会中保护工业产权的主管部门出具 （b）证明该发明创造确实在该展览会中展出 （c）证明展览开幕日，及该发明的首次公开日 （d）应附带有发明标识的文件，且有前述主管部门的签章证明

表 2-6 所列的条件必须同时满足。如果由于申请人疏忽或其他原因导致填写错误，欧洲专利局将根据《欧洲专利审查指南》发出通知书，要求申请要在 4 个月内对错误进行更正，逾期未更正的，则该证明文件视为未提交，专利的新颖性将面临挑战。

三、创造性条件

创造性（Inventive Step）是获得欧洲专利授权的必备条件。对于本领域普通技术人员而言，如果一项发明相对于现有技术是非显而易见的，那么该发明具有创造性【A56】。

1. 不具有创造性的情形

如果将创造性的定义进行反向理解，可以得出：作为本领域普通技术人员，如果一项发明相对于现有技术而言是显而易见的，那么该发明不具有创造性。此处的三个概念对于判断创造性十分关键，即：本领域普通技术人员、现有技术以及显而易见。

（1）本领域普通技术人员

与我国专利制度相同，欧洲专利制度中所规定的“本领域普通技术人员”是一个专利法意义下拟制的人，他必须同时符合以下两个特征：

第一，他了解专利申请日（有优先权的，指优先权日）之前本领域所有的公开技术方案与公知常识，能够获知该领域中所有的现有技术，并且具有应用该日期之前常规实验手段的能力；

第二，他不具有任何创造能力，如果他想解决某一技术问题，就只能从其他现有技术、公知常识和常规实验手段之中去寻找解决方案的组合。

可以看出，此人是一个“非常勤勉”但“非常愚钝”的人，在生活中绝对不可能出现。之所以要引入本领域普通技术人员，是因为审查员必须站在这样一位拟制人（而非审查员自身专业知识）的角度进行创造性审查，从而才能够实现创造性标准的统一，最大限度地避免审查员的主观因素造成的影响。

（2）现有技术与最接近的现有技术

用于判断创造性的现有技术，是指在申请日（有优先权的，指优先权日）之前已经为公众所知的技术方案。需要特别注意的是，前文中的抵触申请是在申请日后才为公众所知，显然，抵触申请不能作为判断创造性的对比文件。换言之，本领域普通技术人员在寻求技术方案的组合时，绝对不会将抵触申请的技术方案考虑在内，因为他只知道申请日（有优先权的，指优先权日）之前公开的技术方案，而不知道之后公开的技术方案。

可以说，除极少数发明之外，世界上绝大多数的发明创造都是在现有技术的基础上进行改进的，那么，这个“改进”的部分实际上就是影响该发明“创造性”最关键的因素。因此，专利局必须对这个“改进”部分进行明确的界定，才有可能准确地评价该发明的创造程度。此时，必须找到一件与本发明最接近的现有技术，才能够明确界定哪些“改进”属于发明人的贡献。用通俗的公式表述，可以是：

本发明的技术方案 - 最接近的现有技术 = 改进的技术方案

最接近的现有技术是指现有技术中与要求保护的发明最密切相关的一个技术方案，它是判断发明是否具有创造性的基础。最接近的现有技术可以是与要求保护的发明技术领域相同，所要解决的技术问题、技术效果或者用途最接近或公开了发明的技术特征最多的现有技术，或者虽然与要求保护的发明技术领域不同，但能够实现发明的功能，并且公开发明的技术特征最多的现有技术。应当注意的是，在确定最接近的现有技术时，应首先考虑技术领域相同或相近的现有技术。

（3）显而易见

显而易见又称为存在技术启示。通过前文的方法，专利局已经清楚界定了本发明的改进部分，之所以会有这个改进，必然是为了解决某一个特定的技术问题，如果该技术问题已经能够通过其他现有技术加以解决，那么本发明改进部分的技术方案便是显而易见的。例如，将橡皮固定于铅笔上，形成自带擦除功能的铅笔，与最接近的现有技术（铅笔）相比，本专利申请的改进部分在于增加了一块橡皮，而橡皮本身能够实现擦除效果已经是现有技术方案，因此，这对于本领域普通技术人员而言是显而易见的，即存在技术启示。

2. 具有创造性的特殊情形

对于专利创造性的判断是“三性”判断中最为复杂的，也是争议最大的话题。实际上，有时会存在以下情形：① 人们往往会存在一定的技术偏见；② 发现技术问题本身需要创造能力，但问题一旦发现，解决方案即不值得一提，甚至是水到渠成；③ 即使是使用了现有技术的组合，也可能会产生意想不到的效果。对于以上这些情形，如果将其列为不具有创造性之列，则会打击发明人的积极性。因此，如果一件发明符合以下特征之一，也可以被认为具有创造性：

（1）基于新发现作出的发明；

（2）明显有限次可尝试的技术方案；

（3）发明取得了预料不到的技术效果；

（4）发明克服了技术偏见；

（5）发明解决了人们一直渴望解决但始终未能获得成功的技术难题；

（6）发明在商业上获得成功。

四、实用性条件

相对于新颖性与创造性，实用性（Industrial Application）是“三性”中较容易评价的条件，它是指该发明能在各种产业中创造或使用，并且能在产业上得以应用【A57】。

（1）可以实施的发明

可实施的发明一定是符合自然规律、具有完备技术特征、能够实现积极技术效果、可以再现的发明，并且能够在产业中得以应用。这里所说的产业包括工业、农业、林业、水产业、畜牧业、交通运输业以及文化体育、生活用品和医疗器械等行业。

（2）不可实施的发明

不可实施的发明可能只是一些理论演算，也可能是不符合自然规律的、不可再现的、利用独一无二的自然条件的或无积极效果的发明。不可实施的发明当然不具有实用性。例如永动机、星球碰撞、时空穿梭等，基于现有科技发展水平，都属于不可实施的发明。

第三节　专利保护期与保护范围

欧洲专利的保护期与保护范围深刻地影响着一件专利的价值，可以说，专利权最基本的价值就在于获得法律保护。

一、保护期

专利保护期也被称为专利长度（Patent Length）或专利寿命（Patent Life），它是指政府通过立法明确规定的专利受法律保护的最长期限。专利保护期与专利所创造的垄断时间长度有着密切的关系。最佳专利保护期应当根据不同行业和不同专利的价值而有所区分，但是在立法层面却无法做到。此时规定一个统一的最长专利保护期无疑是一种比较经济的选择。

1. 保护期对专利申请的影响

专利保护期是政府部门在权衡专利权人利益与公众利益之后的立法决策，它与产业的专利寿命，以及对企业申请专利的积极性有着很大的关系。

在无限时间长度的专利保护期制度中，一项专利被授权后，只要专利权人不主动放弃专利权，也没有被其他人提出专利无效，那么专利权人将永远保持对该技术方案的垄断权，公众利益无法得到保障，基于原始专利之上的改进技术方案也可能会因为过高的专利授权成本而无法实施。

过短的专利保护期同样不利于技术的创造。例如，印度于 1970 年将专利保护期从 15~20 年缩短为 7 年，并扩大了专利强制许可的条件和范围。其本意是希望技术早日流向公共领域，成为本国企业发展的基础。但是，由于专利的保护期太短，企业无法收回在研发中所投入的成本，申请专利的积极性大大减弱，尤其是外国企业在印度申请专利的数量更是大幅度减少。从统计数据来看，1969 年外国企业在印度申请的专利数为 4 158 件，1970 年该数字下降为 3 864 件，1973 年进一步下降到 2 372 件。过短的专利保护期不仅没有起到增加公共知识的作用，反而抑制了专利的申请。

由于无法对每一件专利的保护期进行量身定制，确认一个统一的最长保护期无疑是最合适的选择。最长专利保护期对产业的专利结构有着密切的影响。当专利保护期较短时，很少有企业愿意将技术申请为专利，因为无法在很短的时期内收回研发成本，产业中只会存在少量专利，并且更新速度很快。当专利保护期很长时，拥有专利的企业会利用专利排他性抑制后发企业的改进技术研发，产业中的专利数量也只能维持在较低的水平，专利保护期与产业专利数量的逻辑关系如图 2-6 所示。

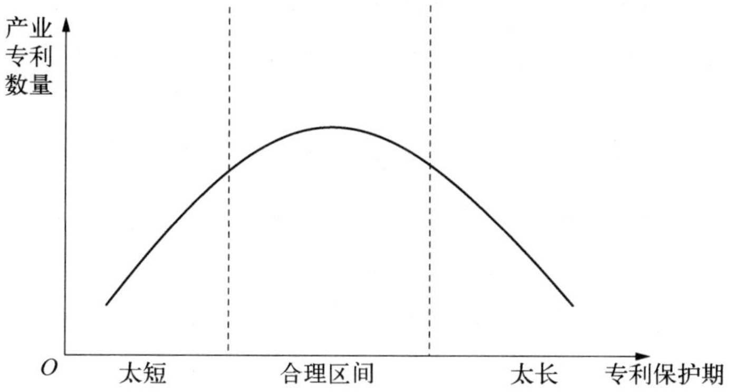

图 2-6　专利保护期与产业专利数量的逻辑关系

专利保护期太短或太长都不利于专利申请，实践中，大多数国家或地区对专利的保护合理区间在 10~20 年。

2. 欧洲专利的保护期

（1）保护期的起算点

欧洲专利的保护期（Term of the European Patent）为 20 年，从欧洲专利申请日开始计算【A63.1】。此处的申请日并不包括优先权日，关于申请日的确认方式，请参见本书第三章的内容。

（2）保护期的计算方式

由于申请日当天不计算在内，因此，欧洲专利保护期在计算时只需要在其年份上增加 20 年即可得出该专利的届满日。例如，2017 年 2 月 1 日提出的欧洲专利申请，其最长保护期到 2037 年 2 月 1 日届满。

尽管欧洲专利授权会在指定的成员国内发生效力，但并不意味着其保护期也都适用 20 年的规定，成员国的法律可能会对该期限另行规定，最终的专利保护期可能会多于 20 年或少于 20 年。此外，如果某个成员国进入战争状态或其他紧急状态，专利的保护期也可能因成员国内部的法律规定而有所延长【A63. 2. 1】。

需要注意的是，欧洲专利保护期的起算时间与有效期的起算时间并不相同。尽管欧洲专利的保护期是从申请日开始计算，但这并不意味着该专利自申请日起就获得了权利。实际上，欧洲专利权自该专利被《欧洲专利公报》公告之日起生效，在专利权人每一个指定的成员国内享有专利保护【A64. 1】。但由于从提出欧洲专利申请到《欧洲专利公报》公告授权之间必定存在审查时间和准备公告的时间，因此，欧洲专利真正有效的期限必定少于 20 年。

（3）补偿行政审批期间的专利保护期

对于需要经过行政审批才能够进入市场流通的产品（如药品），在行政审批期间，尽管已经获得了专利授权，但却无法正常投入市场正常使用。在某些极端情况下，行政审批完成后，剩余的专利保护期寥寥无几，专利权人无法通过短期的垄断收回研发成本。此时，成员国可以通过国内立法的方式，对行政审批的期间予以补偿。如果产品专利、生产方法专利或用途专利所针对或涉及的产品在进入该国市场前，需要依法经过事先的行政审批，那么成员国可以通过国内立法延长欧洲专利保护期，或者在保护期届满后给予相应的法律保护【A63. 2. b】。

（4）单一专利保护期的互认

成员国之间也可以达成专项协议，如果申请人在提交欧洲专利申请时必须同时指定协议中的所有成员国，各成员国也互相承认其授权的欧洲专利在所有参加协议的成员国内发生统一的法律效力【A142】。这一做法被称为“单一专利”（Unitary Patent），如《瑞士联邦和列支敦士登公国专利保护条约》就属于这一类型。此时，如果某一成员国给予专利权人补偿行政审批期间的专利保护期，其他成员国也会承认这种效力【A63. 3】。

（5）成员国法律的委托实施

关于欧洲专利的保护期，如果成员国制定了专利保护期延长制度或者行政审批期间专利保护期补偿制度，则可以依据该成员国与欧洲专利组织的协议，委托欧洲专利局实施相关法律规定【A63.4】。

二、保护范围

欧洲专利的保护范围分为技术层面的保护范围、临时保护期以及地域层面的保护范围。

1. 技术层面的保护范围

欧洲专利的保护范围由其权利要求书所记载的技术方案所确定，说明书可以用于解释权利要求书【A69.1】。如果欧洲专利的技术内容是方法，其保护范围应当延及该方法直接获得的产品【A64.2】。

（1）字面解释原则

将权利要求作为界定专利技术层面的保护范围，是全世界专利制度的共同特点。为了准确界定技术范围，专利的保护范围应当严格以权利要求的字面意思加以确定，对于那些模棱两可的、不能唯一得出的技术方案，都不能被列入专利的保护范围。说明书及其附图只能用于解释权利要求，而不能构成专利的保护范围。

例如，一件专利的权利要求所记载的技术方案是一种信号传输的加密方法，说明书中同时记载了这种加密方法的实现方式和如何解密信号的方法。但由于该解密信号的方法并未在权利要求书中出现，因此不能够得到专利的保护，这相当于专利权人将该技术方案捐献给了社会。

（2）等同原则

严格按照权利要求的字面意思界定专利的保护范围固然正确，但在实践中却很容易出现打擦边球的情形，且专利权人无法将每一个有可能“打擦边球”的技术方案都写入权利要求，那样会极度增加专利撰写的难度和审查的成本。因此，引入等同原则为其提供了一种解决途径。

所谓等同原则，是指与所记载的技术方案相比，以基本相同的手段，实现基本相同的功能，达到基本相同的效果，并且所属技术领域的技术人员无须进行创造性劳动便能够联想到的技术方案。等同的技术方案往往采用惯用手段的替换，将技术方案中的某一个技术特征替换为等同技术特征。例如，将铆钉固定替换为螺丝钉固定，将胶水连接替换为胶带连接等。即使这些技术特征的字面与专利权利要求的字面不同，但仍然落入专利权的保护范围之中。

等同原则不能对抗禁止反悔原则，对于专利权人在其专利申请时已经明确表示放弃的技术方案，即使构成等同，也无法将其纳入专利权的保护范围。

2. 专利申请临时保护期

（1）临时保护期的重要性

专利公布是一种将技术方案公之于众的方式，一旦专利申请被公布，任何人都能够通过合法渠道获取该专利申请的技术方案。正如前文所述，专利申请公布不同于专利授权公告。专利授权公告是一种确认专利权的行为，从公告之日起该专利就具有法律保护的垄断权。但专利申请公布只是一种简单的公开行为，公布之日该专利并未获得授权，此时若第三方使用了该专利申请的技术方案，也不属于侵权。这对专利申请人而言是十分不公平的，为此，专利申请公布后的临时保护期制度是专利保护的一种补充。

可以对比我国《专利法》中的临时保护制度，在我国《专利法》第13条中规定了这种制度，但只针对发明专利，因为只有发明专利才采用“早期公开、延期审查”的做法，而实用新型和外观设计的公开即意味着公告授权，规定临时保护期对其毫无意义。在我国，发明专利申请公布后，申请人可以要求实施临时保护期，其发明的单位或者个人须支付适当的费用。同样，欧洲专利制度中也规定了类似的临时保护期制度。

（2）临时保护期的起算点

首先需要明确，临时保护期只针对专利申请而不针对专利授权，这里的“临时”是指从专利申请公开到专利授权公告之间的时段。自欧洲专利申请公布之日，专利申请人在其指定的成员国内临时享有与专利保护相同的规定【A67.1】。除专利申请人要求提前公布的外，一件欧洲专利申请自其申请日（有优先权的，指优先权日）起满18个月自行公布，从公布之日起便享有了临时保护。

（3）临时保护的权利范围

专利申请的公开文本与最终公告授权的文本可能存在差异，由于在审查过程中专利申请人对技术方案的修改不得超过原始范围，最终公告授权文本中权利要求所记载的保护范围必定小于等于专利申请公开文本中权利要求所记载的保护范围。专利申请人不应当用一个较大的技术保护范围来要求临时保护。因此，临时保护的范围受限于授权专利的权利要求，而授权专利的权利要求对于专利申请的临时保护的权利范围具有追溯力【A69.2】。

（4）临时保护期内的合理费用

再次强调的是，欧洲专利申请公布所起到的作用只是将技术方案公之于众，而专利尚未授权。专利申请人自然无法用一个尚未授权的专利去要求专利许可费，抑或是将未经同意使用其技术方案的第三方以专利侵权为由起诉至法院。实际上，在临时保护期内的费用问题，各成员国都拥有自己的立法权，且至少应当确保专利申请人有权向使用自己技术方案的第三方要求合理的补偿【A67.2】。

（5）翻译专利申请文件对临时保护期的影响

欧洲专利申请的临时保护期只在该专利申请指定的成员国内适用，如果成员国使用的语言与欧洲专利申请所公布的语言不同，成员国也有权规定：必须在专利申请人按要求翻译为本国语言，并且将翻译文件公之于众或传送给在本国使用其技术方案的第三方之后，临时保护的范围与合理费用的条款才能够适用【A67.3】。

（6）临时保护期的丧失

欧洲专利申请临时保护期的基础是专利申请阶段的有效存续，如果欧洲专利申请被授权、被撤回、视为撤回或者被驳回，则临时保护期的法律效力将丧失【A67.4】。如果仅在某一成员国内被撤回、视为撤回或者被驳回，则临时保护期的法律效力在该成员国内丧失。如果欧洲专利在授权后被宣告无效或被撤销，其临时保护期的法律效力也被视为自始不存在【A68】。

3. 地域层面的保护范围

（1）欧洲专利申请与国家专利申请的等同性

由于不同国家的专利制度存在差异，对能够授予专利的客体范围与审查标准也并不相同，专利权仅在被授予权利的国家或联盟范围内有效，这体现了专利的地域性特征。《欧洲专利公约》和欧洲专利局的建立，其目的之一是简化专利申请的难度，降低专利申请人的成本。欧洲专利申请与国家专利申请具有等同性（Equivalence），使得这一目的得以实现。专利申请人取得欧洲专利申请日后，在所指定的成员国内，应当等同于其本国正式的国家申请，在适当的情况下，所要求的优先权也适用于等同性的规定【A66】。

（2）欧洲专利权保护的地域性

除非《公约》另有规定，欧洲专利在其指定的成员国内，与该成员国授予的国家专利具有相同的法律效力，也受到同样的条件限制【A2.2】。欧洲专利申请人有权要求欧洲专利在指定的一个或多个成员国内发生授权的效力【A3】。虽然专利生效具有等同性，但一旦发生专利侵权，仍然应当由各成员国的本国法调整【A64.3】，以实现司法的独立性，地域层面的保护范围对专利权保护格外重要。

第四节　财产性权利的转让与许可

专利的创造、运用、保护和管理是专利工作的四大环节，专利转让与许可作为重要的运用手段，能够获得一次性费用或长期的许可费收益，已经成为专利权人获取经济利益的重要方式。本章节着重阐述《欧洲专利公约》及其实施细则中关于专利财产性权利的转让与许可规定。

一、财产性权利的转让

转让是财产所有权的变更，一旦发生专利申请权或专利权的转让，则在其指定的成员国全境内发生统一的法律效力。《欧洲专利公约》中对专利申请的转让作出了明确的规定。

1. 欧洲专利申请的转让

对于在欧洲专利局提交的欧洲专利申请，可以在申请人指定的一个或多个成员国内转让（Transfer）或形成权利（Constitution of Rights）

【A71】。

（1）转让形式

欧洲专利申请的转让应当采用书面形式，转让协议自双方当事人签章（Signature）后生效【A72】。尽管欧洲专利申请的转让属于合同双方的意思表示，但考虑到专利具有公开性的特征，欧洲专利局和公众都必须掌握真正享有权利的专利申请人或专利权人，因此，转让信息必须登记在欧洲专利登记簿上。

（2）转让登记

在当事人提出欧洲专利申请的请求并收到转让证明文件后，该转让信息将登记在欧洲专利登记簿上【R22.1】。同时，当事人的变动情况将于《欧洲专利公报》上予以公示【A129.a】。提出转让登记的当事人可以是转让方，也可以是受让方或其他有资格的人。

（3）转让费用

欧洲专利申请的转让必须缴纳费用，只有缴纳手续费后，转让的请求才被视为正式提出【R22.2】，该笔费用的数额由欧洲专利局公布的《缴费规则》确定，截至本书出版时间为 80 欧元，缴纳期限与缴纳方式也适用于《缴费规则》的规定。

（4）转让生效

办理登记是转让发生法律效力的前提。欧洲专利申请的转让方与受让方签订的转让协议只能够约束合同双方，只有当该转让行为向欧洲专利局办理登记并缴纳费用后，才会对欧洲专利局和公众产生法律效力【R22.3】。仅向欧洲专利局提交受让人的转让证明，而不提交转让合同，是不会产生转让的法律效力的。自转让生效后，新的欧洲专利申请人就有权继续享有欧洲专利申请的相关权利，并将被推定为该专利未来的专利权人。

2. 专利权与异议阶段的转让

专利权的转让与专利申请权的转让类似，同样，对于处于异议及异议程序阶段的欧洲专利转让，也适用于以上规定【R85】，即需要办理登记和缴费手续，并且需要在《欧洲专利公报》上予以公布。

二、财产性权利的许可

许可是财产使用权的变更，与转让不同，许可可以在成员国境内的不同区域发生不同的法律效力。

1. 专利申请的许可

（1）许可范围

欧洲专利申请的全部或者部分可以在其指定的成员国的全境范围或部分区域内许可【A73】。《公约》并没有对许可的类型进行限定，而是留给各成员国国内的法律加以规范。

（2）许可登记、费用

办理登记是转让生效的前提，却不一定是许可生效的前提。对于普通许可而言，不登记并不会影响其获得专利的使用权。但是，如果许可涉及以下两种情形之一，则必须办理登记手续【R24】：

（a）许可人与被许可人之间的许可方式为排他许可的；

（b）由已经登记在欧洲专利登记簿上的被许可人行使分许可的。

欧洲专利的许可登记及费用规定比照适用于转让登记和费用的规定【R23.1】，在缴纳手续费的情况下，许可人、被许可人或其他有资格的人都有权利向欧洲专利局提出许可登记。

2. 法律的适用

除公约另有规定外，欧洲专利申请作为财产标的，在每一个指定成员国内都应当适用该国对国家专利申请的有关法律规定，且法律效力局限于该指定成员国【A74】。因此，无论是专利的转让或许可，当其在一个成员国内部发生法律效力时，应当适用该成员国的法律并加以调整。

第五节　专利代理与专利代理人

一、专利代理

专利工作是一项技术与法律密切相关的复合型工作，专利申请人固然可以自己撰写申请文件并答复审查意见，但在经济条件允许的情况下，委托专利代理机构处理专业的事务，能够提高专利撰写的申请的效率，增加授权的可能性，是比较明智的选择。

1. 委托专利代理的情形

（1）可以委托的情形

一般情况下，在欧洲专利申请或其他事务（如异议、上诉）中，委托代理机构属于当事人的一项权利，欧洲专利局不得强制任何人委托专利代理机构【A133.1】，当事人可以根据自身实际情况，从以下三种方式中进行选择：

（a）自己处理各项法律事务；

（b）委托专利代理机构处理授权范围内的法律事务；

（c）在成员国内有住所地或主要营业地的，可以委托员工处理法律事务。

上述（c）选项中的员工不必是专利代理人，但必须根据《实施细则》的规定获得授权【A133.3】。

（2）强制委托的情形

在我国，对于没有经常居所或者营业所的外国人、外国企业或者外国其他组织在中国申请专利和办理其他专利事务的，应当委托依法设立的专利代理机构办理。这样的条款被称为专利代理的强制委托条款。强制委托的目的在于文件的及时送达、有效的沟通与问题的解决。

欧洲专利制度中也有强制委托的规定，如果申请人是在成员国内没有住所地或主要营业地的自然人、法人或其他组织，应当委托专利代理人去处理相关法律事务【A133.2】。但是，即使在成员国内没有住所地或主要营业地，强制委托也不适用于以下两种情形：

（a）提出欧洲专利申请的行为；

（b）按规定缴纳各项费用的行为。

简而言之，提出专利申请和缴费行为可以由申请人自己完成，并不需要强制委托代理机构。

2. 共同代表人的指定

如果一个法律程序有多个共同行为的当事人，那么他们可以指定共同代表人处理该法律事务【A133.4】，在前文中已经对多个专利申请人指定共同代表人的步骤进行了明确，此处仅对专利申请之外的法律事务申请（如异议、上诉程序等）如何指定共同代表人进行阐述。

共同代表人的指定按以下步骤进行确定【R151】：

（a）多个当事人约定一人为共同代表人，在请求书中予以明确；

（b）如（a）无法确定，且请求书中的第一申请人为必须委托专利代理人的情形，则该专利代理人为共同代表人；

（c）如（b）无法确定，则请求书中的其他申请人为必须委托专利代理人的情形，则该专利代理人为共同代表人；

（d）如（c）无法确定，则请求书中的第一申请人为共同代表人；

（e）如（d）无法确定，则欧洲专利局发出通知要求在指定的期限内指定共同代表人；

（f）如（e）中给定的期限届满仍无法确定，则由欧洲专利局从多个当事人中指定共同代表人。

3. 授权委托书

（1）授权委托书提交的时机

无论是委托专利代理人还是指定共同代表人，都需要向欧洲专利局提交授权委托书【R152.1】。委托书应当在提交文件时同时提交。如果未能在文件提交的同时递交授权委托书，则欧洲专利局会发出通知要求当事人在指定的期限内予以补交。如果属于前文中强制委托的情形，则欧洲专利局要求当事人指定代表人和提供授权委托书的期限应当相同【R152.3】。

（2）授权委托书提交的数量

授权委托书可以涉及一件或多件专利申请事务，或者涉及一件或多件其他专利事务，如果涉及多件的，则应当提供相应数量的委托书副本【R152.2】；如果是一份代表人为当事人处理所有专利事务的总授权委托书，则只需要提供一份副本即可【R152.4】。

（3）授权委托书的形式和内容

授权委托书的形式和内容由委托方和受托方协商确定，但是对于以下两种情形之一，均需要采用规范的委托书文本【R152.5】：

（a）涉及强制委托情形的授权委托书；

（b）总授权委托书。

上述（a）（b）两项，可以分别采用欧洲专利局制作的 1003 号 “Authorization” 和 1004 号 “General authorization” 的表格。

如果当事人委托了多个代表人，只要在其委托授权权限内，这些代表人就可以共同或单独行使权利【R152.10】。对某一专利代理机构的授权委托视为对任何一个能够证明在该机构中执业的专利代理人的授权委托【R152.11】。

（4）未提交授权委托书的法律后果

除了提出欧洲专利申请和按规定缴纳费用这两种情形之外，如果未能按照规定提供授权委托书，那么由该代理人作出的所有程序性行为都将被视为未提出【R152.6】。

（5）委托的终止

当事人可以撤销对代理人的委托，如果要撤销之前的授权委托书，所提交的撤销文本的数量应当与所提交的授权文本的数量相同【R152.7】。在欧洲专利局收到对代理人授权委托书撤销的通知之前，该代理人在原授权范围内所作出的行为均为有效【R152.8】。除非另有规定，即使委托人死亡，针对欧洲专利局程序的授权委托书的效力也并不终止【R152.9】。

二、专利代理人

1. 专利代理人的资格

（1）专利代理人注册的条件

专利代理人必须是自然人，且必须在正规的专利事务所中从事代理工作【A134.1】。任何自然人符合下列全部条件的，都可以注册成为专利代理人【A134.2】：

（a）是本公约成员国的国民；

（b）在本公约成员国有专利事务所或者受雇于专利事务所；

（c）通过欧洲专利局代理人执业资格考试。

自一国加入本公约之日起一年内，任何自然人符合下列全部条件的，

都可以申请成为欧洲专利局注册的专利代理人【A134. 3】:

（a）是本公约成员国的国民；

（b）在已加入本公约的国家有专利事务所或受雇于专利事务所；

（c）拥有在该国中央工业产权局代理自然人或法人专利事务的资格。如果这一资格不要求特殊专业资格，则应当在该国从事五年以上的专利代理工作。

如果自然人希望注册为专利代理人，应当提供上述证明文件【A134. 4】，在特殊情况下，欧洲专利局的局长有权免除“是本公约成员国的国民”的条件【A134. 7. a】，如果申请人证明其已通过其他方法取得必要的资格，在欧洲专利局局长的同意下，上述《公约》第134条第3款c项第二句话的规定也可以免除【A134. 7. b】。

（2）开设专利事务所的权利

经注册的专利代理人有资格在《公约》规定的所有法律程序中从事专利代理工作【A134. 5】。在遵守相关规定的情况下，注册专利代理人有权在可以进行公约规定的法律程序的成员国内设立事务所，成员国政府只能在公共安全、法律法规的执行并充分考虑个案的具体情况下，在征求欧洲专利局局长的意见的前提下，才有权利剥夺此项权利【A134. 6】。

在成员国具有律师执业资格并设有事务所的法律工作者，如果在该成员国有代理专利事务的资格，则可以按照同样的规定注册为专利代理人，代理本公约规定的法律程序【A134. 8】。

（3）专利代理人名册的变更

专利代理人的注册与注销由欧洲专利局下设的法律部完成。如果专利代理人提出请求，或者经过反复提醒，在每年九月缴纳该年度注册费期限届满后，仍未缴纳年度注册费，则该专利代理人的登记信息应当从专利代理人名册中删除【R154. 1】。

在不影响欧洲专利代理人学会或欧洲专利局对专利代理人的纪律处分措施的情况下，当发生下列事项之一时，专利代理人的登记信息即可以依职权被删除【R154. 2】:

（a）专利代理人死亡或丧失行为能力的；

（b）专利代理人不再享有任一成员国国籍的，除非其符合《公约》第134条第7款a项的规定；

（c）在任一成员国中已不再有营业地或不再受雇的。

对于被删除信息的专利代理人，如果后来又符合了注册为专利代理人的条件，则可以认定为删除的理由不复存在，经过本人申请，他的信息能够重新登记在专利代理人名册上【R154.3】。

2. 专利代理人学会

（1）专利代理人学会概况

欧洲专利代理人学会（Institute of Professional Representatives，IPR）是欧洲专利代理人必须参加的组织，所有代理人都是该学会的成员【A134a.2】。行政理事会有权制定和修改学会的规范，具体内容有【A134a.1】：

（a）欧洲专利代理人学会的规范；

（b）专利代理人资格的注册、培训以及考试；

（c）行使欧洲专利代理人学会或欧洲专利局对专利代理人的纪律处分权；

（d）专利代理人的保密义务，及其在欧洲专利局程序中拒绝披露与委托人或其他任何人之间通信内容的特权。

上述（d）项也被称作代理人–委托人证据特权（Attorney-client evidentiary privilege）。

（2）代理人–委托人证据特权

《欧洲专利代理人纪律条例》第2条规定了专利代理人的保密义务，如果专利代理人基于其自身的专业知识作出了法律意见，在保密义务的原则和范围内，该专利代理人与委托人之间所有的通信都将具有永久免于在欧洲专利局程序中披露的特权，除非委托人明示放弃这一特权【R153.1】。

受证据特权保护的通信具体包括：

（a）对发明创造可专利性的评价；

（b）欧洲专利申请的准备与审查；

(c) 对欧洲专利或专利申请的有效性、保护范围或侵权发表的任何意见。

思考与练习

1. 专利申请权纠纷对专利审查程序的影响是什么?
2. 当出现多个专利申请人时，如何指定共同代表人?
3. 如何确定欧洲专利的专利权人?
4. 专利发明人指定的制度有什么作用?
5. 可以授予和不可以授予专利的发明创造各有哪些情形?
6. 丧失新颖性的情形有哪些? 例外情形是什么?
7. 如何定义“本领域普通技术人员”?
8. 如何选择“最接近的现有技术”?
9. 如何判断一件专利申请的创造性?
10. 欧洲专利申请的实用性条件是什么?
11. 欧洲专利的保护期有多长? 自何日起算?
12. 欧洲专利的保护范围如何界定?
13. 欧洲专利对转让和许可有怎样的规定?
14. 欧洲专利代理人注册的条件是什么?
15. 代理人-委托人证据特权是什么?

第三章　欧洲专利申请的程序要求

本章要点

（1）欧洲专利申请的途径与申请书的要求；

（2）欧洲专利申请日、优先权日的确定；

（3）欧洲专利的单一性与分案申请；

（4）欧洲专利的标准语言、期限及费用；

（5）欧洲专利程序中的统一规则。

第一节　专利申请与申请书的要求

一、欧洲专利的申请

1. 申请途径

（1）可以选择的申请途径

一件发明创造要获得专利授权，必须提出专利申请，提出欧洲专利申请有两种途径【A75.1】：

（a）直接向欧洲专利局提出；或者

（b）根据成员国法律，向成员国专利局提出。

如果申请人选择（b）方式，则必须是该成员国法律允许通过这种方式提出欧洲专利申请，成员国会将申请文件转送至欧洲专利局，以此方式提出的欧洲专利申请与同日向欧洲专利局提出的专利申请享有同样的法律效力。无论采用（a）或（b）方式，均应当采用书面方式提交材料，通过面交、邮寄、电子申请的方式提交所需书面材料。在欧洲专利局的各项程序中，如果所提交文件的内容能够清晰复制在纸上，就可以满足使用书面形式的要求【R1】。因此传真与电子申请也属于书面形式，对于以传真形式提交的申请，还需要再提供加盖签字或签章的纸质文件，而对于以电子申请形式提交的申请，则不需要另行提供纸质文件。

在提交专利申请时，申请人可以指定不同的成员国，所有在欧洲专利申请提出时，属于本公约的成员国都应当视为已由该申请请求书指定，但必须在申请人缴纳指定费后该指定才会生效。在欧洲专利获得授权前，申请人可以随时撤回对任何成员国的指定【A79】。

（2）不可选择的申请途径

欧洲专利的分案申请只能采用上述（a）方式直接向欧洲专利局提出【A76.1】，一旦欧洲专利分案申请被提出，所有原申请指定的成员国都应当视为其分案申请指定的成员国【A76.2】。

如果在欧洲专利申请中，第三方向申请人提出了申请资格的挑战，并且最终被法院认定第三方才是有资格的专利申请人，针对同样的发明创造，该第三方另行提出一件新的欧洲专利申请【A61.1.b】，也只能采用上述（a）方式，即直接向欧洲专利局提出。

2. 成员国的法律限制

根据成员国法律，向成员国专利局提出专利申请，能够享有同日向欧洲专利局提出专利申请同样的法律效力，但是，各成员国有权通过立法对专利申请进行进一步限制，可以规定【A75.2】：

（a）未经本国有权机关事先审批，不得向国外公布特定性质的发明；

（b）所有的专利申请应当首先向本国专利局提出，或者经过事先批准后，才能够向其他国家机构提出专利申请。

很明显，上述两种规定对专利申请进行了更为严格的限制，这些限制大多出于对国防、敏感及保密技术方案安全性的考虑，因为一旦公布这些技术方案，则可能对国家安全或公共安全产生不利影响。这一点类似于我国专利制度中的保密审查。

3. 受理部门

欧洲专利的申请人可以用书面形式向以下任意一受理部门提交专利申请文件【R35.1】：

（a）位于德国慕尼黑的欧洲专利局；

（b）位于荷兰海牙的欧洲专利局；

（c）位于德国柏林的欧洲专利局；

（d）其他有权接收欧洲专利申请的成员国专利局。

收到专利申请的主管部门应当在申请文件上记录接收申请的日期，并将回执送达专利申请人，回执至少应当记载以下信息【R35.2】：

（a）专利申请号；

（b）文件的性质和数量；

（c）收到文件的日期。

如果欧洲专利的申请人通过成员国专利局的渠道提交专利申请，则会涉及申请文件的转送，这种情况下适用下文中欧洲专利申请的转送的规定。

4. 专利申请的转送

（1）允许转送的文件与禁止转送的文件

如果申请人向其所在成员国的专利局提出了欧洲专利申请，则该成员国的专利局应当向欧洲专利局转送与专利申请相关的文件【A77.1】。如果欧洲专利申请的发明创造被认为是应当保密的，则该成员国的专利局就不应将相关文件转送给欧洲专利局【A77.2】。

（2）文件转送的时间要求

如果欧洲专利的申请人是向成员国专利局提出欧洲专利申请，则除涉及保密的专利申请之外，成员国的专利局应当以最短时间将欧洲专利申请文件转送至欧洲专利局，所规定的期限如下【R37.1】，如表3－1所示。

（a）如果按照成员国法律，发明属于明显不需要保密的情况，则自该专利提出申请后的6周内转送；

（b）如果发明需要进一步进行保密审查的，则自该专利提出申请后的4个月内转送，如果该发明要求了优先权，则自优先权日起14个月内转送。

表 3-1 文件转送的时间要求

不需要保密的发明	需要保密的发明	
	未要求优先权的	要求优先权的
申请日起 6 周内	申请日起 4 个月内	优先权日起 14 个月内

此外，成员国专利局还应当将申请文件的收据通知欧洲专利局，并向其说明该文件的性质、收到文件的日期、申请号以及所要求的优先权日期【R35.3】。欧洲专利局收到由成员国专利局转来的欧洲专利申请后，应当通知申请人，并告知收到日【R35.4】。

(3) 不转送文件的后果与救济

自专利申请日起 4 个月内（要求优先权的，自优先权日起 14 个月内），如果专利申请文件仍然未转送给欧洲专利局，则该申请被视为撤回，关于该申请的任何已缴费用应当被退还【R37.2】。

尽管欧洲专利申请被视为撤回，但这并不妨碍该专利转换为该成员国的国家专利申请【A135.1.a】，申请人可以向原提交专利申请的成员国专利局提出转换为国家专利申请的请求，在不损害国家安全的情况下，该成员国专利局应当将转换请求书直接转送给请求书中指定成员国的专利局【A135.2】。

二、申请书的内容要求

1. 申请书应当包括的内容

欧洲专利申请书应当包括【A78.1】：

(a) 请求书；

(b) 说明书；

(c) 权利要求书；

(d) 说明书附图；

(e) 摘要；并满足本公约《实施细则》规定的其他条件。

(1) 请求书

请求书（Request）是欧洲专利申请书中必不可少的内容，该请求书必须采用欧洲专利局规定的标准表格【R41.1】，即1001号表格“Request for grant of a European patent”，并包括以下内容【R41.2】：

（a）旨在批准欧洲专利的请求。

（b）发明名称，应简明扼要指出发明特征，不可使用模糊用语。

（c）申请人的姓名、地址、国籍、长期居住国或其营业所所在国。自然人应写明姓名，姓在名前。法人及按照该本国法被视为法人的其他组织，填写其正式名称。地址应标明行政区划，必要时写明门牌号码，使邮局能够按习惯快速送达。此外，最好再填写传真和电话号码。

（d）如果委托了专利代理人，则在（c）项中还应当填写专利代理人的姓名和工作地址。

（e）如果是分案申请，就需要标明该申请为分案申请，并写明母案的申请号。

（f）如果属于第三方取代原申请人的地位并另行提出欧洲专利申请的情形【A61.1.b】，则需要填写原欧洲专利申请的申请号。

（g）如果要求优先权的，则应当提出要求优先权的声明，指明在先申请的申请日、申请的国家或该在先申请所提交的国家。

（h）专利申请人或其代理人的签字。

（i）所附文件清单列表，并写明说明书、权利要求书、说明书附图和摘要的页数。

（j）指明发明人。

除上述内容外，如果是多个专利申请人共同提出一件专利申请，则在请求书中还应当指定一个申请人或专利代理人作为共同代表人【R41.3】。

（2）说明书

说明书（Description）应当公开充分，达到本领域普通技术人员阅读该说明书便能够实施技术方案的要求，说明书应当包括以下内容【R42.1】。

（a）技术领域：写明要求保护的技术方案所属的技术领域。

（b）背景技术：写明对发明的理解、检索及审查有用的背景技术；有可能的话，引证反映这些背景技术的文件。

（c）发明内容：写明发明所要解决的技术问题以及解决其技术问题采用的技术方案，并对照现有技术写明发明的有益效果。

（d）附图说明：对每一幅附图进行简要说明。

（e）具体实施方式：至少列出一种具体实施方式，详细写明申请人认为实现发明的优选方式；必要时，举例说明；有附图的，对照附图。

（f）说明实用性：当说明书或发明性质看不出明显实用性时，需要具体说明本发明适合于产业应用。

申请人应当按照以上规定和顺序撰写说明书，除非根据发明的性质有更清晰的撰写方式【R42.2】。

（3）权利要求书

权利要求书（Claims）是限定专利保护范围的法律文件，应当根据发明的技术特征确定所要求保护的技术主题，一件专利申请中至少应当包括一项独立权利要求，一般情况下，独立权利要求应当包括以下内容【R43.1】。

（a）前序部分：写明发明的主题名称和技术方案中必不可少的技术特征，这些技术特征构成前序部分；

（b）特征部分：以“其特征在于”（Characterised in that）或“其特征是”（Characterised by）字样开头，将本发明中具有创新意义的技术特征写入特征部分，与前序部分一起，构成了本发明的独立权利要求。

当一件欧洲专利申请存在多个独立权利要求时，必须符合单一性【A82】的要求，当专利申请的主题涉及以下情形之一时，可以包括同类的多个独立权利要求【R43.2】：

（a）多个具有关联关系的产品；

（b）产品或设备的不同用途；

（c）替代的技术方案，如果单一权利要求不能恰当地涵盖这些替代技术方案的话。

当一件欧洲专利申请包括多个独立权利要求时，如果欧洲专利局认为其不符合上述情形，则会以其作出的检索为基础，要求申请人在 2 个月内说明解释其符合上述规定。如果未按时提交说明解释，则按每一类型的第一个权利要求进行检索【R62a. 1】。

对于独立权利要求的进一步限定，可以通过一个或多个从属权利要求来实现。从属权利要求包括引用部分和限定部分：引用部分可以引用在前的一个或多个权利要求；限定部分用于附加限定的技术特征。如果有多个权利要求，则应当使用阿拉伯数字按编号顺序进行排序。除绝对必要的以外，权利要求中不得使用“如说明书……部分所述”或者“如图……所示”的用语。权利要求中的技术特征可以引用说明书附图中相应的标记，该标记应当放在相应的技术特征后并置于括号内，以便于理解权利要求。附图标记不得解释为对权利要求的限制【R43. 3~7】。

（4）说明书附图

说明书附图（Drawings）必须符合规定的格式要求【R46】。

首先是纸张要求，介绍如下。

用于绘制说明书附图的纸张，有用面积不得超过 26. 2 cm×17 cm，在纸张的有用面积周围或在纸张的使用面积周围无边框。应最少留出一定的页边距：上边距 2. 5 cm，左边距 2. 5 cm，右边距 1. 5 cm，下边距 1 cm。

格式要求中另一个比较重要的就是附图要求，具体介绍如下。

（a）附图的线条要耐久、黑色、均匀、清晰，有足够的浓度和深度，不能使用彩色图片。

（b）剖面图采用斜线绘制，不应影响参考标记和指示线的清楚阅读。

（c）附图的比例和制图的清晰度应在线条缩小到 2/3 的影印图上仍能清晰地分辨出图中的各个细节。如在特殊情况下附图有比例时，则应使用图例表示。

（d）附图中的数字、字母和参考标记都应简单、清楚，数字和字母不能与圆括号、圆圈以及引号同时使用。

（e）原则上，附图中的所有线条都要用绘图工具制作。

（f）同一张图上的各部分应互成比例，为了附图的清晰必须使用不同比例的除外。

（g）数字和字母的高度要低于 0.32 cm，如果在附图上有字母时，应使用拉丁字母，或在习惯用希腊字母时用希腊字母。

（h）一张图纸上可以包含多个附图。如在几张纸上绘出一幅附图时，不要让附图的一部分被其他纸上的部分遮住。不同的附图最好应以节约空间的方式垂直排列，图与图可明显区分开。当附图不便于垂直排列时，应当水平排列，附图的上端应朝着纸的左边，并用阿拉伯数字顺序编号，页码则另行标明。

（i）说明书及权利要求中未提及的参考标记不得出现在附图中；反之亦然。在整个申请文件中，参考标记和其所对应的特征应始终保持一致。

（j）除非对附图的理解是必不可少的，否则附图中不应出现文字描述内容，但可以包含例如“水”“蒸汽”“开”“关”“关于 AB 的剖面图”之类的较短关键词。任何此类关键词应以适当的方式排列，以便在进行翻译时不会遮挡住附图的线条。

除了常见的工程图外，流程图和曲线图也被视为附图。

（5）摘要

摘要（Abstract）的主要作用是向公众提供本专利所公开的技术情报，尽管不具有法律效力，但却是公众检索专利时最快理解专利大致内容的素材。摘要应当满足以下要求【R47】：

（a）摘要中应当写明本发明的名称。

（b）摘要中应包括对包含在说明书、权利要求书和附图中的公开内容的简要概括。指出发明所属的技术领域，清楚地反映所要解决的技术问题、解决该问题的技术方案的要点以及主要用途。摘要可以包含最能说明发明的化学式。摘要中不得使用商业性宣传用语。

（c）摘要字数最好不超过 150 字。

2. 申请书中禁止出现的内容

欧洲专利申请的申请文件中不应出现违反公序良俗的内容和诽谤的内容，具体包括【R48】：

（a）违反公序良俗原则的表达或其他类似内容；

（b）对第三方产品或制造方法，或对第三方专利申请或专利权作用或功效的诽谤行为，但仅与现有技术进行比较不属于诽谤行为；

（c）与专利主题完全无关或多余的表达或其他内容。

如果一件欧洲专利申请出现了上述（a）项的内容（例如种族歧视），则欧洲专利局在公布时予以删除，并指明被删除内容的位置和数量。如果出现了（b）项的内容，欧洲专利局也会在公布申请时予以删除，并指明被删除内容的位置和字数，如果提出请求，欧洲专利局会提供一份被删除内容的副本。

三、申请书的形式要求

1. 初次提交的文件

（1）翻译要求

对于非官方语言提交的文件，必须翻译为官方语言（英语、法语和德语）才会被接受。欧洲专利的申请文件以及基于说明取得申请日的其他文件，如果被翻译为官方语言，则应当视为欧洲专利申请的文件【R49.1】。

（2）纸张要求

欧洲专利申请应当采用书面方式提交材料，其申请文件应当能够通过扫描、拍照、胶版印刷、微缩胶卷等方式大量复制。提交文件所采用的纸张不得有裂纹、皱痕或折痕，纸张必须单面使用【R49.2】。

欧洲专利申请文件应当使用柔软、结实、白色、光滑、无光泽并耐久的 A4（29.7 cm×21 cm）的纸张。除国际单位制【R49.10】和附图格式的特殊规定外，在使用时每张纸应当以窄边作为上下端（即竖向使用）【R49.3】。

欧洲专利申请的每份文件（请求书、说明书、权利要求书、说明书附图和摘要）都应以新的一页开始。所有纸张的装订应易于翻阅、拆开并重新装订【R49.4】。

除附图格式【R46.1】的特殊规定外，所用纸张最小的页边距应当是：上边距 2 cm，下边距 2 cm，左边距 2.5 cm，右边距 2 cm。推荐的最大页边距是：上边距 4 cm，下边距 4 cm，左边距 3 cm，右边距 3 cm

【R49.5】。

（3）编号要求

申请文件的每页都应用阿拉伯数字逐页顺序编号。编号应写在每页上端中间，但不能写在上端的白边内。原则上，每页说明书和权利要求书上的行数适合每五行一编号【R49.6~7】，如图3－1所示。

Description

FIELD OF THE INVENTION

[0001] The present invention relates generally to inkjet ink compositions and methods of for making such compositions. More particularly, the present invention relates to lightfade-stable magenta inkjet ink compositions displaying both high lightfastness and chroma.

BACKGROUND OF THE INVENTION

[0002] An inkjet image is formed when a precise pattern of ink dots is ejected from a drop generating device known as a "print head" onto a printing medium. A typical inkjet print head has an array of precisely formed nozzles located on a nozzle plate and attached to an inkjet print head base. The base incorporates an array of firing chambers that receive liquid ink (colorants dissolved or dispersed in a solvent) through fluid communication with one or more ink reservoirs. Each chamber has a thin film resistor, known as "firing resistor" located opposite the nozzle so ink can collect between the firing resistor and the nozzle. In particular, each resistor element, which is typically a pad of a resistive material, measures about 35 um x 35 um. The print head is held and protected by an outer packaging referred to as a print cartridge, i.e., inkjet pen.

[0003] Upon energizing of a particular resistor element, a droplet of ink is expelled through the nozzle toward the print medium. The firing of ink droplets is typically under the control of a microprocessor, which conveys signals through electrical traces to the resistor elements. Thus the formation of alphanumeric and other characters on the print medium is possible.

图3－1 编号要求的示例

（4）字体要求

欧洲专利请求书、说明书、权利要求书和摘要，应用打字机打出或铅印。只有在必要时，才可以对标记和字符、化学式或数学式采用手工书写或手工绘制。段落的行间距应为1.5倍。全文都使用印刷字体，大写字体高度不低于0.21 cm，颜色应使用深色【R49.8】。

（5）表格、附图、公式

欧洲专利请求书、说明书、权利要求书和摘要中不得有附图。说明书、权利要求书和摘要中可以有数学式或化学式。说明书和摘要中可以有表格。只有当主题内容适合用图表表达的，权利要求书才可以含有表格。如果表格、化学式或数学式不便以垂直方式放置，则可以采用使图标或公式的顶部位于该页左边的水平方向放置【R49.9】。表格、附图、化学式分别如图3－2、3－3、3－4所示。

where ε is the extinction coefficient of the dye in Liters/(g·cm) at the peak wavelength. Some extinction coefficients of the dyes are shown in Table below.

Extinction coefficients , Liters/(g·cm) of some dyes

Dye	Extinction coefficient (wavelength, nm)
Pacified Reactive Red 180 (Sensient, NJ)	44 (541)
Acid Red 52 Li salt (Sensient, NJ)	125 (566)
Pacified Reactive Red23, (Avecia, Wilmington, DE)	33 (522)

图 3－2 表格的示例

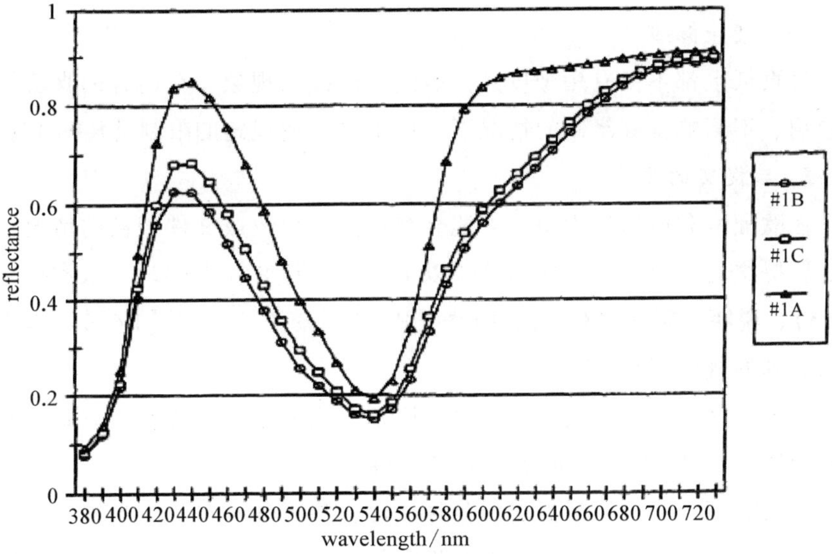

图 3－3 附图的示例

[0028] As used herein, "pacified Reactive Red 23" refers to a pacified form of Reactive Red 23, as recited above which is pacified by removal of the terminal sulfate group as follows:

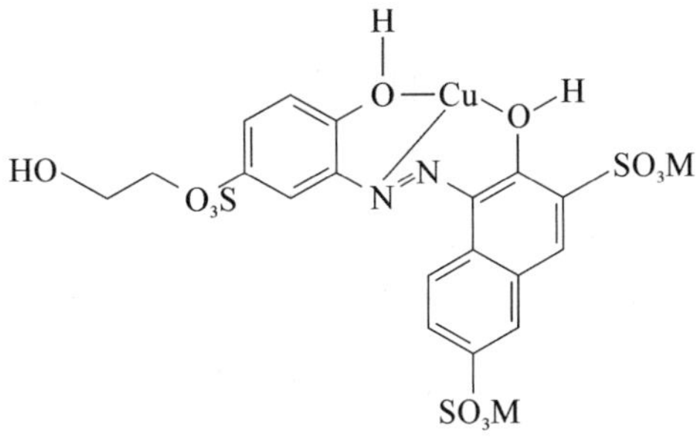

wherein M represents a positively charged monovalent counter-ion, such as Na^+, K^+, Li^+, or NH_4^+.

图 3－4 化学式的示例

(6) 单位要求

凡是便于使用国际单位制的情况，表达数值的单位应符合国际标准的规定。任何不符合这一要求的数据都应按照国家标准来表示。只有在有关领域中通常被人们接受的技术术语、协定、标记和符号方可使用【R49.10】。

(7) 术语统一

整个欧洲专利申请中的术语和标记应前后统一【R49.11】。

(8) 禁止修改

每页纸上都不得有用橡皮过分擦改、修改的现象。在内容的真实性不受影响、不影响良好复制的情况下，可不受上述规定的限制【R49.12】。

2. 后提交的文件

在欧洲专利申请过程中，可能会存在内容修改或文件替换的情况，对于之后提交的替换文件，应当符合以下要求：说明书【R42】、权利要求书【R43】、说明书附图【R46】、摘要【R47】、禁止性内容【R48】、提交文件的总则的规定【R49】。

除申请文件之外，其他各种文件原则上应采用打字或印刷方式，在纸张左侧留出约2.5 cm的页边距【R50.2】。

提出欧洲专利申请后提交的各种文件，除附件外，都应当签字。如未签字，欧洲专利局将要求当事人在指定的期限内补签。在指定的期限内补正的文件将保持其原申请日；未在规定期限内补正的，该文件视为未收到【R50.3】。

第二节　专利申请日与优先权日

申请日与优先权日具有非常重要的法律意义，不仅是判断先申请原则的基准日，而且是判断专利“三性”的时间节点，申请日还是专利最长保护期的起算点。本部分对欧洲专利的申请日与优先权日的规定进行阐述。

一、申请日的确定

取得申请日的基本要求可以概括为两点：第一，向合适的受理部门提出专利申请；第二，提交符合最低要求的文件。如果申请人没有向合适的受理部门提出专利申请，或者没有提交符合要求的齐备的文件，都将不能从欧洲专利局处获得申请日。需要注意的是，缴费不是确定申请日的必备条件。

1. 向合适的受理部门提出专利申请

欧洲专利的申请人可以用书面形式向以下受理部门提交专利申请文件【R35.1】：

（a）位于德国慕尼黑的欧洲专利局；

（b）位于荷兰海牙的欧洲专利局；

（c）位于德国柏林的欧洲专利局；

（d）其他有权接收欧洲专利申请的成员国专利局。

此部分内容请参见本章“欧洲专利的申请”部分。

2. 提交符合最低要求的申请文件

此处所指的最低要求（Minimum Requirements），并不是本章“申请书的内容要求”和“申请书的形式要求”中规定的要求，为了获得欧洲专利申请日，只需要同时满足以下三个基本条件，即为最低要求【R40.1】：

（a）请求授予欧洲专利的意思表示；

（b）提供能够联系到申请人的信息；

（c）说明书或者关于在先提出的申请的说明文件。

对于（a）项，其中所指的“意思表示”并没有要求任何形式，即使没有采用标准的请求书表格（第1001号表格），只要不影响“请求授予欧洲专利”意思表示的内容，就能够符合该条件。

对于（b）项，“能够联系到申请人的信息”是指任何一种联系方式，如电话、传真或地址等只需要能联系到一个申请人即可，并不要求全部填写正确，也不要求联系到全体申请人。

对于（c）项，“说明书”与“关于在先提出的申请的说明文件”只需要二选一，只要受理处能够辨认出某份与申请相关的文件就可以了。在先提出的申请并不是要求作为优先权引用的基础，但必须写明该申请的申请号、申请日以及受理局，表明其取代的说明书及其附图【R40.2】。对于确定申请日而言，在先提出的申请并不需要在提出本次专利申请时就非常清晰，但需要在2个月内提交在先申请的证明文件副本，如果在先申请是用非官方语言提出的，这2个月内还需要提供翻译为任何一种官方语言的译文【R40.3】。

权利要求书、缴纳费用的证明不是确定申请日必需的文件。然而，尽管上述最低要求能够获得申请日，但并不建议欧洲专利的申请人按照最低要求提交申请文件。可以肯定地说，如果仅按照最低要求提供申请文件，将一定会面临补正的通知，且修改申请文件的范围也被大大限制，不利于将来的专利审查与授权。

二、优先权日的确定

专利优先权是指专利申请人就其发明创造第一次在某国提出专利申请后，在法定期限内，又就相同主题的发明创造提出专利申请的，根据有关法律规定，在后的申请以第一次专利申请的日期作为其优先权日，专利申请人依法享有的这种权利就是优先权。享有专利优先权的目的在于，排除他人在其他国家抢先申请此专利的可能性。

1. 作为优先权的条件

（1）在先申请必须是正规的国家申请

一件在先专利申请如果要作为在后专利申请优先权引用的基础，那么在先专利申请必须是正规的国家申请，符合以下两个条件之一【A87.1】：

（a）向任一《巴黎公约》成员国专利局提出；

（b）向任一WTO成员国专利局提出。

所谓“正规的国家申请”是指，该专利申请符合申请国的法律规定，足以取得专利申请日，根据申请国法律或者双边、多边国际协议（包括本公约）等规定，如果在先专利申请等同于正式的国家专利申请，则可以作为优先权的基础。至于该专利今后是否被授权，并不影响其作为优先权的基础被引用的资格【A87.2~3】。

如果首次申请所提交的专利局所在国不是《巴黎公约》成员国或者

WTO 成员国，但是根据欧洲专利局局长发布的通告，该所在国专利局承认，第一次向欧洲专利局提出的申请如果满足《巴黎公约》规定的同等条件、具有《巴黎公约》规定的优先权效力，则该首次申请仍然适用于优先权制度【A87.5】。这种情况可以参照正规的国家申请来适用。

（2）首次申请之日起 12 个月内

在先提出的专利申请、实用新型申请或实用证书的申请，或者在上述申请中指定它们，专利申请人或其权利受让人就同样的发明提出欧洲专利申请时，应当在首次申请提出之日起 12 个月内享受优先权。显然，“实用新型申请”或“实用证书申请”也可以作为优先权引用的基础，但外观设计申请并没有被包括其中。

此处所述的“首次申请”是指在先申请所涵盖的发明创造必须是第一次提出专利申请，如果在先申请本身也引用了更早的申请作为优先权，则其不能够被作为优先权引用的基础，因为它不是“首次申请”。

特别情况下，一件在后专利申请，也可以被视为是首次申请，只要其满足以下全部特定条件【A87.4】：

（a）在后专利申请的主题和在先首次专利申请的主题相同；

（b）在后专利申请与在先首次专利申请是向同一国家提出；

（c）在后专利申请提出时，在先首次专利申请已经撤回、放弃或者驳回，未曾向社会公布，不存在任何未决权利，也不曾作为要求优先权的基础。

在我国，优先权的期限不得延长，但《公约》与《实施细则》却允许在发生特殊情况时，12 个月的优先权期限可以适用于期限延长的规定，具体参见后文中“期间”部分。

2. 要求优先权的规则

（1）优先权的形式条件

欧洲专利的申请人如果要将一件在先专利申请作为优先权引用的基础，就必须按照规定提出优先权声明以及其他规定的文件。对于一件欧洲专利申请而言，申请人可以要求一个优先权或多个优先权，作为优先权的文件可以来自不同国家，只要所要求的优先权符合作为优先权的条件即可。如果要求多个优先权的，其期限应当从最早的优先权日开始计算。

如果申请人对一件欧洲专利申请要求优先权，优先权适用的技术特征应当是基础专利申请已经公开的技术特征。如果要求优先权的技术特征并未出现于在先申请的权利要求书中，但是在先申请作为整体已经具体公开了该技术特征（例如，说明书中予以了公开），则仍可以作为优先权被引用【A88】。

例如，某公司于 2015 年 7 月 1 日向德国提交了发明专利申请，说明书中记载了技术方案 X，但未在权利要求书中要求保护该技术方案。该公司于 2016 年 2 月 6 日向法国提交了专利申请，说明书中记载了技术方案 X 和 Y，并在权利要求中要求保护技术方案 X 和 Y。法国专利申请享有德国专利申请的优先权。该公司于 2016 年 6 月 6 日向欧洲专利局提交了一件要求保护技术方案 X 和 Y 的发明专利申请。那么，方案 X 可享有德国专利申请的优先权，方案 Y 可享有法国专利申请的优先权。

（2）优先权的时间条件

无论要求几件优先权，都应当清楚写明优先权的声明并提供相应副本证明。

优先权声明应当写明原申请日、原申请号以及原受理部门，最好在提出欧洲专利申请的同时提交，最迟应在所要求的最早优先权日起 16 个月届满前提交【R52. 1~2】。

优先权的副本证明应当在优先权日起 16 个月届满前提出，该副本应当由原受理专利局出具，并应当附有原受理局对专利申请日的证明。如果原申请的副本本身就在欧洲专利局，则视为优先权的副本证明已经按期提交。如果优先权申请的语言不是欧洲专利局的三种官方语言之一，并且优先权请求的有效性与发明的专利性相关，那么欧洲专利局将发出通知，要求申请人在指定期限内提交该优先权申请的官方语言翻译【R53】。

（3）优先权的更正

优先权的声明可以更正，需要同时满足以下两个条件【R52. 3】：

（a）更正的请求必须在本次专利申请的申请日起 4 个月内提出；

（b）自本次申请所要求的最早优先权日起 16 个月内进行更正。

上述（b）项中16个月是指更正前所请求优先权日起，或者更正后所请求优先权日起，以最早届满的为准。

一般情况下，欧洲专利申请自优先权日起算18个月届满公布，在上述期限届满前，如果申请人要求提前公布，则不得再提出优先权请求或对优先权作出更正【R52.4】。

（4）优先权的公布

优先权声明的信息将会在欧洲专利申请和欧洲专利说明书单行本中刊登【R52.5】。

（5）优先权的法律效力

优先权最主要的法律效力是让优先权日作为评判现有技术【A54.2】和抵触申请【A54.3】以及确定先申请原则【A60.2】的基准日【A89】。

具体而言，如果一件现有技术公开的日期介于在先申请日（优先权日）与在后申请日之间，那么这一件现有技术不能成为判断专利申请新颖性和创造性的对比文件。

需要注意的是，在先专利申请之所以能够成为在后专利申请的优先权基础，是因为它们属于同样的发明创造，超过先前发明创造的技术方案，不能够以优先权日作为判断“三性”和先申请原则的基准日。

第三节　单一性与分案申请

专利申请的费用与申请的数量有关，与技术保护范围的大小无关。如果将许多技术方案放在同一件专利申请文件中，虽然可能多缴纳申请附加费，但却不用另行支出审查费和年费，保护范围也不会缩小，这无疑是一种更实惠的选择。然而，在一件专利申请文件中保护多个技术方案时，必须满足单一性的要求，否则将面临分案申请。单一性的要求在经济上，可以防止申请人只支付一件专利的费用而获得几项不同发明或者实用新型专利的保护；在技术上，可以便于专利申请的分类、检索和审查。

一、单一性

欧洲专利申请对单一性（Unity of Invention）有严格的要求，一件欧洲专利申请应当只涉及一个发明或者在一个单一的总发明构思下的一组相关发明【A82】。

1. 判断单一性的标准

如果一件欧洲专利申请中要求保护多件发明创造，只有当这些发明创造具有“相同或相应”的“特定技术特征”时，才满足单一性的要求【R44. 1】。

回顾权利要求的知识，一个独立权利要求由“前序部分”和“特征部分”组成，为了解决技术问题，独立权利要求必须包含能够解决技术问题的全部技术特征。其中，有一些技术特征已经被现有技术所公开，它们将被写入前序部分；另一些技术特征并未被现有技术所公开，它们将被写入特征部分。

单一性要求中的所谓“特定技术特征”，是指在权利要求的“特征部分”中出现的技术特征。由于这些技术特征并未被现有技术所公开，因此属于发明人对技术方案做出贡献的技术特征。换言之，特定技术特征正是本发明的“发明要点”。当一件专利申请中出现多个独立权利要求时，如果各个独立权利要求的特征部分之间不存在“相同或相应”的“特定技术特征”，则不具有单一性。

《公约》与《实施细则》中关于单一性的判断标准与我国《专利法》所采用的标准相同，此处不再展开。

2. 缺少单一性时所遵循的程序

如果欧洲专利申请不符合单一性的标准，负责检索的审查员将按照权利要求的顺序，仅针对第一个独立权利要求书出具检索报告。如果申请人要求对其余权利要求出具检索报告，则必须在审查员指定的期限（不得少于2周，也不得多于6周）内缴纳检索费，欧洲专利局只会对已经缴纳检索费的权利要求出具检索报告【R64. 1】。

审查员也会核对关于单一性的结论，如果认为“缺乏单一性”的结论有误，且申请人已经另行缴纳了进一步检索费，那么，欧洲专利局应当将进一步检索费退还给申请人【R64. 2】。

如果申请人不希望缴纳进一步检索费，且“缺乏单一性”的结论正确，申请人仍然可以就其余独立权利要求提出分案申请。

二、分案申请

在专利审查过程中，审查员可能会要求申请人删除部分技术方案。为了较快获得专利授权，申请人会选择删除这些技术方案，而不是与审查员进行争辩。实际上，对于删除的技术方案，申请人仍然可以通过分案申请的方式另行提出一件专利申请，从而有机会获得专利授权。

1. 分案申请的提出方式

分案申请享有母案的申请日，如果母案有优先权的，分案申请也享有母案的优先权，但分案申请的内容不能超过母案申请的内容。欧洲专利分案申请提出时，所有原申请指定的成员国都应当视为其分案申请的指定国【A76】。

可以看出，分案申请的优点非常明显，它能够享有母案的申请日或优先权日，在判断“三性”和确定先申请原则时，都占有更加有利的时间优势。对于曾经因单一性或其他实体问题被驳回或被迫删除的技术方案，多了一次授权的机会。当然，分案申请也有其缺点，技术方案不能超过母案的范围，也不允许再将母案已经授权的技术方案纳入分案申请，否则将产生重复授权。此外，分案申请的申请人也必须再次缴纳与正常专利申请相同的费用，这将产生更高的专利申请成本和维持成本。

2. 分案申请的必要条件

对于任何类型的母案，在同时满足下列条件的前提下，申请人都可以提出分案申请【R36】：

（a）母案尚未审结；

（b）必须使用母案申请的语言，向位于慕尼黑、海牙或柏林的欧洲专利局提交申请，不能向成员国专利局提交；

（c）在分案申请提出后 1 个月内，缴纳申请费和检索费；

（d）在作出分案申请的欧洲检索报告公布在欧洲专利公报之日起 6 个月内，缴纳指定费。

对于（a）项条件，是指母案的法律状态尚未最终确定，如果母案已经被驳回、撤回或视为撤回，且决定已经生效，则（a）项条件不能够得到满足。

对于（b）项条件，分案申请必须采用母案申请的语言，否则很难判断技术方案是否超过母案的范围，也不会保留母案的申请日。欧洲专利分案申请必须向指定的欧洲专利局提出，而不能向成员国的专利局提出，如果向成员国的专利局提出，文件不会转送，不发生分案申请的法律效力。

对于（c）项条件，如果申请人未按期缴纳申请费和检索费，则该分案申请会被视为撤回。

对于（d）项条件，如果申请人未缴纳某一个成员国的指定费，则该分案申请在该成员国被视为撤回；如果未缴纳所有成员国的指定费，则该分案申请会被视为撤回。此外，母案权利要求费和申请维持费仍然按照规定缴纳。

第四节　语言与翻译

一、语言

1. 三种语言类型

欧洲专利制度中将语言分为三类：官方语言、可接受的语言和所有语言【A14】。

（1）官方语言

欧洲专利局的官方语言是英语、法语和德语。除《实施细则》另有规定外，欧洲专利申请所采用的官方语言，或者其翻译所采用的官方语言，应当作为工作语言，适用于该专利申请在欧洲专利局进行的所有法律程序。欧洲专利申请应该按照审查程序的工作语言进行公布，这也意味着最终公布的专利申请文件将采用三种官方语言之一。无论采用何种语言公布专利说明书，都应当附带已翻译成其他两种官方语言的权利要求书。欧洲专利公告和欧洲专利局公报应当以欧洲专利局三种官方语言公布，欧洲专利登记簿也应当采用三种官方语言记录信息，如果内容之间发生冲突，应当以审查程序工作语言所作登记为准。

(2) 可接受的语言

可接受的语言，即成员国专利申请所使用的官方语言，在特定情况下在后期通信中也可以使用可接受的语言进行交流。如果成员国的官方语言不是英语、法语或德语，住所地或者主要营业地在其境内的申请人，可以使用该国的官方语言提交其在特定期限内必须提交的文件。但是，上述申请人应当按照《实施细则》的规定，按时提交欧洲专利局官方语言的翻译文本。除欧洲专利申请文件外，任何文件如果没有按照规定的语言提交，或者逾期没有提交要求的翻译文件，则该文件视为没有提交。

(3) 所有语言

所有语言，即任何国家的语言。欧洲专利申请可以以任何一种语言提交，但是应当根据《实施细则》中关于翻译的要求，翻译成三种官方语言之一才会进入审查阶段。在欧洲专利局进行的所有法律程序之中，可以调整翻译文本，使其与原始专利申请一致。如果申请人逾期没有提交符合要求的翻译文本，其欧洲专利申请将被视为撤回。

2. 作准文本所使用的语言

(1) 采用官方语言作为作准文本的语言

欧洲专利审查必须采用三种官方语言之一，审查过程的工作语言文本被作为欧洲专利申请和欧洲专利权的作准文本【A70】。审核中的语言一旦确定，就不能更改，该专利申请将会以该语言公开，在将来可能发生的专利诉讼或异议程序中，也将以该语言为准。

(2) 采用原始语言作为作准文本的语言

如果欧洲专利申请是以欧洲专利局官方语言之外的语言提出的，则应当按照《实施细则》的要求翻译为三种官方语言之一。但是，原始语言还仍然具有非常重要的意义，它是界定技术范围最原始的依据，任何关于技术方案的翻译，都不应当超过原始语言所记载技术方案的范围，此时，采用原始语言提供的专利申请是判断翻译或修改是否超出范围的作准文本。

(3) 采用本国语言作为作准文本的语言

技术方案的公开是专利获得法律保护的一种代价，对于一个国家而言，如果给予一件专利授权，必定会要求专利权人将该专利翻译为本国语言，以达到提高本国技术水平的目的。在欧洲，任何一个成员国都可以规定欧洲专利申请或欧洲专利必须翻译为本国官方语言，在本国境内，以本国官方语言的翻译文本作为作准文本。但是，如果专利保护范围根据翻译文本小于申请审查工作语言文本，那么上述规定对撤销程序不再适用。

如果翻译有瑕疵，成员国应当允许欧洲专利的申请人或者专利权人补正欧洲专利申请或者欧洲专利的翻译。成员国也有权规定，如果任何第三方出于诚信在本国已经实施该发明，或者已经做好有效的准备实施该发明，而此实施行为依照原始翻译文本不构成侵权，则该第三方在翻译补正生效之后，可以在其商业活动中或者为其商业活动的需要，继续上述使用，并且不需支付任何费用。

3. 书面审理程序所使用的语言

在欧洲专利局的书面程序中，任何人都可以使用任何一种欧洲专利局官方语言，对于未采用官方语言的文本，需要按规定提供翻译文本【A14.4】，翻译文本也可以采用任何一种欧洲专利局官方语言提交【R3】。一旦选定一种书面程序的语言，不能再进行更改。对于欧洲专利申请或欧洲专利的修改，应使用该程序中最初使用的语言提交，即如果最初提交的文件采用了英语，则修改文本也应当采用英语。

欧洲专利各个法律程序中的文字证据（特别是出版物），当事人可以以任何语言提交。但是，欧洲专利局有权要求当事人在指定期限内，提交任何一种官方语言的译文。如果逾期未提交译文，欧洲专利局可以对该相关文件不予考虑。

4. 口头审理程序所使用的语言

与书面程序相比，口头审查所使用语言的可选择范围更广。任何当事人在口头审理中都可以使用任何一个成员国专利局的官方语言，如果当事人在口头审理程序之日前至少1个月通知欧洲专利局，就不需要自己提供翻译；否则，需要提供该程序使用语言的口头翻译。同样，欧洲专利局的工作人员也可以使用任何一个成员国专利局的官方语言【R4.1~2】。

在进行举证时，如果参加庭审的任何当事人、证人或者专家不能用欧洲专利局或成员国的任何一种官方语言正确地表达，则可以使用另外的语言。当应某一方当事人的请求举证时，如果其他当事人、证人或者专家不能用欧洲专利局的任何一种官方语言正确地表达，只有该方当事人提供该程序用语言的口头翻译时，才进行听证。但是，欧洲专利局可允许翻译成其另一种官方语言。实际上，如果当事人各方和欧洲专利局协商一致，是可以使用任何一种语言进行口头审理的。在必要情况下，欧洲专利局应当自己承担提供翻译的费用，除非该翻译属于其中一个当事人的责任【R4.3~5】。

欧洲专利局的工作人员、各方当事人、证人或专家，以欧洲专利局的官方语言作出的陈述，应采用该官方语言记录在案；以任何其他语言作出的陈述，应以翻译后的官方语言记录在案；对欧洲专利申请或欧洲专利作出的修改，应以该程序使用的语言记录在案【R4.6】。

二、翻译

1. 需要翻译的情形

此处所述的翻译，主要是指翻译为欧洲专利局的官方或成员国的官方语言。在以下情形中，如果申请人或专利权人提供的文本没有采用欧洲专利局规定的官方语言，则应当提供翻译：

（a）欧洲专利申请文件及其公布，必须采用欧洲专利局的三种官方语言之一，具体是哪种语言，由审查中使用的语言而定；

（b）欧洲专利授权文件的公告，必须采用欧洲专利局的三种官方语言之一，并且权利要求书也必须翻译为另两种官方语言一并公告；

（c）成员国有权要求专利申请人或专利权人将公开的文本翻译为成员国本国的官方语言。

2. 翻译文本与原始文本一致性的证明

翻译的文本必须与原始文本具有同样的内容含义，如果文件需要翻译，欧洲专利局可以要求在规定的时间内提供与最初提交的文本对应一致的证明。如果在规定的时间内未提交该证明，除另有规定外，则文件将被视为未提交【R5】。实际上，欧洲专利局并不对翻译文本与原始文本的一致性进行审查，而是采取了推定一致的做法，即除非有第三方提出不一致的证明【R7】。

3. 翻译提交的时间与费用

自欧洲专利授权、依修改后维持专利授权或者限制性修改文本在《欧洲专利公报》的公告日起 3 个月内，专利权人应当提交官方语言翻译，除非成员国法律规定有更长的期限【A65.1】。对于欧洲专利申请文件的翻译，应在提出欧洲专利申请的 2 个月内提交。对于欧洲专利审查中文件的翻译，应在提交文件的 1 个月内提交【R6.1~2】。

任何一个成员国，如果要求专利权人提交欧洲专利翻译文本的，都可以规定专利权人应当在规定的时间内支付全部或者部分刊印欧洲专利翻译文本的费用【A65.2】。

对于成员国的官方语言不是欧洲专利局的三种官方语言之一，住所地或者主要营业地在其境内的自然人或法人，以一种该成员国允许的语言，提出了欧洲专利申请、审查、异议或者上诉的请求、复审请求、限制或者撤销的请求，则申请费、审查费、异议费、上诉费、请求复审或者限制及撤销的费用，应按照有关费用的细则规定减收【R6.3】。目前，欧洲专利局提供面向中小型企业、自然人、非营利性组织、高等院校及公共研究机构的减收，专利申请人需要填写欧洲专利局公布的第 1011 号标准表格。

4. 不提供翻译文本的法律后果

对于欧洲专利局的法律程序而言，如果不提供翻译文本，则相关请求会被视为未提出，将会因错过期限而面临被撤回的结局。此外，任何一个成员国有权规定，如果专利权人不履行其国内法律关于翻译的条件，则该欧洲专利对该国应当自始无效【R65.3】。

第五节 其他统一规定

一、公开

申请人必须将自己的技术方案公开，才有可能获得该技术方案的法律垄断权，这已经成为专利制度的基本原则。欧洲专利制度也不例外，欧洲专利申请应当将发明内容充分公开，以本领域普通技术人员能够实现为标准【A83】。这一标准与我国《专利法》中的规定相同。

如果将公开制度进行更加细致的区分，可以将公开的形式分为公布与公告。在《公约》及《实施细则》中，将“公布”作为将技术方案向公众公开的方式；将“公告”作为将权利状态向公众公开的方式，即专利授权公告。

1. 公布

(1) 技术方案公布的时间

在前文“先申请原则”中已经明确，如果两个或两个以上的人独立完成了同样的发明创造，专利将授权给欧洲专利申请日最早的人，只要该专利申请已经被公布【A60.2】。此处的“公布”是技术方案公开的一种方式，欧洲专利局应当尽早公布欧洲专利申请。

一般情况下，自申请日（有优先权的，指优先权日）起满 18 个月的，专利内容自行公开，在上述期限届满前，申请人也有权提出提前公布的请求【A93.1】。如果一件欧洲专利申请在上述 18 个月期间内已经授权，则欧洲专利局将同时公布欧洲专利申请与欧洲专利【A93.2】。

(2) 公布技术准备的期限

公布技术准备的期限是指一件专利申请何时作好公布的准备，由谁作出“已经作好准备”的决定。对于何时已经完成公布欧洲专利申请的技术准备，则由欧洲专利局局长作出决定【R67.1】，这一期限最晚不应当超过上述 18 个月的期限。实际上，公布技术准备的期限是有实际意义的，如果在公布的技术准备结束前，该专利申请被驳回、撤回或视为撤回的，将不予公布，申请人将有机会再次修改后另行提交专利申请。如果在公布的技术准备已经完成后，申请人撤回专利申请的，通常并不能够阻止公布。

(3) 专利申请的公布内容

欧洲专利申请的公布包括说明书、权利要求、说明书附图和摘要。欧洲专利说明书还应当指明对欧洲专利提出异议的期限【R73.1】。公布的语言应当使用欧洲专利局的官方语言，如果任何一个文本没有使用官方语言，则需要翻译为官方语言后再进入公布程序。如果公布的技术准备完成前，已经形成了检索报告，则将该检索报告作为附件一并公布；如果尚未形成检索报告，则检索报告将会被单独公布【R68.1】。对于公布的形式及其包括的数据，由欧洲专利局局长决定【R73.2】，目前，欧洲专利局仅采用电子形式公布专利申请，公众可以通过网络进行检索与下载。在公布的欧洲专利申请中，应当写明被指定的成员国【R73.3】。

2. 公告

相比于公布程序而言，公告程序的规定较为简单，它只是一种将专利授权的状态向公众公开的一种方式，欧洲专利权自该专利被《欧洲专利公报》公告之日起生效，在专利权人每一个指定的成员国内享有专利保护【A64.1】。特别的，对于权利要求，除了公告授权后的文本之外，申请人还应当将其翻译为审查程序所用语言之外的两种欧洲专利局官方语言，一并进行公告。

3. 信息公开

（1）欧洲专利登记簿

欧洲专利局编制欧洲专利登记簿，记载《公约》和《实施细则》规定的事项。但在欧洲专利申请公布之前，欧洲专利登记簿不得有任何记录。欧洲专利登记簿应当公开以便公众查阅【A127】。

具体而言，欧洲专利局登记簿上的著录项目包括以下内容【R143.1】。

（a）欧洲专利申请号。

（b）申请日。

（c）发明创造的名称。

（d）专利申请的国际分类号。

（e）指定的成员国。

（f）《实施细则》第41条第2款规定的专利申请人或专利权人的信息。

（g）申请人或专利权人所指定的发明人的姓名和住址，除非发明人放弃按照《实施细则》第20条第1款规定作为指定发明人的权利。

（h）《实施细则》第41条第2款d项规定的专利申请人或专利权人的

代理人的姓名及营业所地址。如果有多名代理人，只需注明第一名代理人的姓名，写上“及其他代理人”的字样。对于《实施细则》第 152 条第 11 款所指的代理机构，只需要写明该机构的名称和地址。

（i）优先权的数据，即在先申请的申请日、受理国家以及申请号。

（j）对于分案申请的，写明所有分案申请的申请号。

（k）在分案申请或《公约》第 61 条第 1 款 b 项所指的新申请的情况下，写明在先申请中关于本款第 a 项、b 项和 i 项规定的信息。

（l）专利申请的公布日，必要时写明单独公布欧洲检索报告的公布日。

（m）提出审查的请求日。

（n）专利申请被驳回、被撤回或视为撤回的日期。

（o）欧洲专利的授权公告日。

（p）在一成员国内，欧洲专利在异议期间或者等待异议程序最终决定的过程中，权利到期日。

（q）提出异议书日。

（r）异议决定日及决定的要点。

（s）《实施细则》第 14 条和第 78 条所指情况下程序中止与恢复日。

（t）《实施细则》第 142 条所指情况下的程序中止与恢复日。

（u）在登记簿上进行了本款 n 项或 r 项的登录后，权利恢复日。

（v）按《公约》第 135 条第 3 款规定，向欧洲专利局提出转换的请求。

（w）按《实施细则》规定应予登记的涉及欧洲专利申请权及欧洲专利的权利或权利转让。

（x）请求限制或撤销欧洲专利的决定日及决定的要点。

（y）请求扩大上诉委员会进行复审的决定及决定要点。

欧洲专利局局长还可以决定在专利登记簿上著录除上述要求之外的项目【R143. 2】。

（2）案卷查阅

通常情况下，欧洲专利申请被公布后任何人都能够查阅案卷，在公布之前，未经专利申请人的许可，欧洲专利申请的案卷不供公众查阅【A128.1】。但是，专利申请尚未公布时，可以有三种案卷查阅的可能性：

① 如果专利申请人依据专利申请向第三方主张权利，且第三方能够证明，则第三方可以不经专利申请人的同意，查阅专利申请的案卷【A128.2】。

② 欧洲专利分案申请或者根据《公约》第 61 条第 1 款提出的新欧洲专利申请已经公布的，即使相应的在先欧洲专利申请未被公布，任何人也可以不经申请人同意而要求查阅案卷【A128.3】。

③ 在欧洲专利申请公布之前，欧洲专利局可以将《实施细则》规定的特定事项通知第三方或者公之于众【A128.5】。

欧洲专利申请公布后，公众可以请求查阅该专利申请和授权的案卷【A128.4】，但并不能够获得该专利的所有信息，下列文件不提供查阅【R144】：

（a）关于对上诉委员会或扩大上诉委员会成员的排除或遭反对成员的文件；

（b）决定书和通知书的草案，以及用于准备决定或通知书而不用通知当事人的文件；

（c）根据《实施细则》第 20 条第 1 款的规定，当发明人放弃被指定为发明人的权利时，有关指定发明人的文件；

（d）欧洲专利局局长认为查询无助于公众了解欧洲专利申请或欧洲专利的任何其他不应公开的文件。

公众可以通过原件、复印件或电子存储文件的方式查阅案卷【R145.1】，实际上，大部分情况下都可以通过网络检索的方式获得案卷。如果需要欧洲专利局出具案卷副本，则需要缴纳相应的费用【R145.2】。

（3）定期出版物

欧洲专利局的定期出版物主要是指《欧洲专利公报》与《欧洲专利局官方杂志》。其中，《欧洲专利公报》用于公布《公约》和《实施细则》的规定以及欧洲专利局局长所制定的特定事项；《欧洲专利局官方杂志》用于公布欧洲专利局局长发布的、具有一般意义的通知和信息，以及其他与《公约》及其实施相关的信息【A129】。

二、通知与送达

1. 通知

(1) 作出通知的主体

作出通知的主体是欧洲专利局。欧洲专利局应当按照《实施细则》的规定送达决定、传唤书、通告书和通知书。在特殊情况下，可以通过成员国中央工业产权局送达文件【A119】。

(2) 通知的形式

欧洲专利局的各项法律程序中发出的通知【R125】，都应当是经欧洲专利局证明或盖章的正本，或者经电脑打印带有印章的文本，但是，当事人发出的文件副本不要求此类证明。通知可以通过邮递、技术通信手段、当面通知或公告的方式作出。如果收件人已收到通知，而欧洲专利局无法证明其是否按期通知的，或者其是否遵守有关通知的规定，应以欧洲专利局确定收件人已接到通知之日为通知日。如果是由各成员国专利局作出的通知，则应当适用于该成员国关于通知的规定。

2. 送达

(1) 邮寄通知的送达

对于在期限内可提起上诉或者复审请求的决定书、召集通知和欧洲专利局局长决定经邮局投递的其他此类文件时，应采用带有回执的挂号信方式邮寄【R126】。通过邮寄的其他通知，应当采用挂号信的方式。

如通过挂号信进行通知，无论是否要求回执，其送达采用“十日规则”，即从挂号信发出后的第十日起视为收件人已收到通知，除非收件人能够证明其未收到挂号信或在第十日以后收到挂号信；如果发生任何争议，欧洲专利局有义务证明收件人已收到邮件，或证明该挂号信已经交到收件人的日期。

通过挂号信进行通知，无论是否要求回执，即使该信件已被当事人拒收，也视为已经进行了通知。

如果上述规定仍然不能解决邮寄通知的问题，则可以适用通知送达国家其本国关于邮寄的法律来处理。

（2）技术通信手段的送达

“技术通信手段”主要是指传真、电子邮件或其他电子申请系统。经欧洲专利局局长确定的技术通信手段，并且根据局长所公布的条件，采用技术通信手段送达通知具有同样的法律效力【R127】。自电子文本被显示、阅读或下载时，就视为送达。采用技术通信手段能够更高效地送达法律文件，但是由于通信手段可能存在信号丢失的情况，如果欧洲专利局发出通信信息之日起 5 日内当事人仍然没有收到，则会采用纸件副本形式邮寄。

（3）直接通知的送达

如果当事人事先与欧洲专利局取得联系，要求直接将通知交付当事人，则欧洲专利局也可以直接交付【R128】，并要求收件人当场签收回执，通知当场送达。即使收件人拒绝接收或拒绝给予回执，也视为已进行了通知。

（4）公示通知的送达

对于无法确定收件人地址，或者采用邮寄送达时第二次邮寄后证明是不可能收到的情况下，则欧洲专利局可以通过公示的形式进行通知【R129】。欧洲专利局局长决定公示的方式及 1 个月期限的起始日。该期限届满后视为文件已被通知。

（5）对专利代理人通知的送达

如果当事人委托了专利代理人，则相关通知以送达专利代理人为准【R130】。如果委托了多个专利代理人，只需要通知其中一名即可。如果多个当事人委托了同一名专利代理人，则只需给该专利代理人发送一份通知即可。

三、期限

《公约》中的期限由《实施细则》进行规定，具体包括期限的计算方式、欧洲专利局指定的期限、对逾期文件的处理以及期限的中止与延长。

1. 期限的一般规定

(1) 期限的计算方式

为落实《公约》中关于期限的规定，《实施细则》第131条规定了期限的计算方式：

(a) 期限的计算单位是完整的年、月、周或天。

(b) 期限从相关事件的发生日的第二天开始计算。该事件可以是一种程序性的步骤或另一个期限的届满日。如果该程序性步骤是一个通知，如无相反规定，该相关事件是收到所通知的文件。

(c) 如果期限是以一年或多年表示的，则该期限的届满日为后续的相应年的事件发生的相同月份的相同日，该月份无相同日的，该期限在该月份的最后一天届满。

(d) 如果期限是以一个月或多个月表示的，则该期限在后续的相应月份与事件发生日相同的日期届满。但是，如果相应月份没有与事件发生日相同的日期，则该期限在相应月份的最后一天届满。

(e) 如果期限是以1周或多周表示的，则该期限在后续的相应周与事件发生日相同的日期届满。

(2) 欧洲专利局指定的期限

《公约》和《实施细则》中的“指定的期限”，是指由欧洲专利局指定的期限【R132】。除非另有规定，由欧洲专利局指定的期限既不得少于2个月，也不得多于4个月。在某些情形下，该期限可延长至6个月。在特殊情况下，如在期限届满前提出请求，可延长该期限。

(3) 对逾期收到文件的处理

通常情况下，逾期提出的文件不被欧洲专利局所接受。但是，如果该文件是按时交付邮寄的，或者是在期限届满前符合欧洲专利局局长所公布的条件按时交付给认可的速递服务机构的，则该文件被视为按时收到，除非该文件是在期限届满后的3个月之后才收到【R133】。向成员国专利局提交文件也适用于上述规定。

2. 期限的中止

期限的中止是指当发生特定事件时期限暂停计算、待特定事件消失后再恢复计算的一种规定，其目的是保障当事人在合理的期限内完成工作。

（1）中止的情形

发生下列事件时，欧洲专利局应中止程序【R142. 1】。

（a）欧洲专利申请人或专利权人，或按欧洲专利申请人或专利权人的本国法律有权代表他们的人死亡或丧失民事行为能力。如果该事件的发生不影响按《公约》第 134 条规定（专利代理人）对其所指定代理人的授权效力，只有当代理人要求才能中止程序。

（b）由于发生令某些欧洲专利申请人或专利权人由于某种原因不能行使权利的事件，在法律上阻止程序继续进行。

（c）在欧洲专利申请人或专利权人指定的代理人死亡或丧失民事行为能力的情况下，或者代理人由于某种原因不能行使权利，在法律上阻止程序继续进行。

（2）期限的恢复

对于上述（a）项与（b）项情况，当欧洲专利局已经得知某人被授权继续参加程序时，欧洲专利局应当通知该人，在适当的时候，通知任何第三方当事人，程序自指定的日期恢复【R142. 2】。

对于上述（c）项，如果欧洲专利局被告知申请人已指定了新的代理人，或欧洲专利局已将专利权人指定新的代理人的情况通知了参加程序的其他当事人，则应当恢复程序。在自程序开始中止后的 3 个月内，如果欧洲专利局未被告知指定的新的代理人，则应当向申请人或专利权人发出以下通知【R142. 3】。

（a）在《公约》第 133 条第 2 款（强制委托专利代理）所指情况下，如果在欧洲专利局发出通知后 2 个月内未有答复，欧洲专利申请视为被撤回，或欧洲专利被撤销；

（b）在除公约第 133 条第 2 款（强制委托专利代理）所指情况之外的情况下，自通知申请人或专利权人之日起，恢复程序。

（3）中止的法律效力

自中止日起，除了请求审查和缴纳维持费之外的所有期限暂停计算，从程序恢复之日再次开始计算。如果该恢复之日距其必须提出审查请求的期限结束日不足 2 个月，该请求可自恢复之日起 2 个月内提出【R142. 4】。

3. 期限的延长

（1）届满日为节假日的期限延长

根据《实施细则》第 35 条第 1 款的规定，欧洲专利的申请人可以用书面形式向位于德国慕尼黑、荷兰海牙或者德国柏林的欧洲专利局提交专利申请文件。在期限届满之日，如果任何一个专利局处于节假日，除邮路中断或故障造成的之外，期限将延长到所有受理处上班接收文件以及邮件能传送的第一个工作日【R134. 1】。如果采用电子通信手段、传真或电子邮件等渠道提交文件而未能收到该文件的，同样适用上述规定。

（2）邮路中断或故障造成的期限延长

在期限届满之日，如果某个成员国内或者成员国与欧洲专利局的邮路中断或出现故障，则期限顺延至邮路恢复正常的第一天。如果邮路中断或出现故障的事件发生在欧洲专利局所在国，即荷兰或者德国，则所有成员国均适用于期限延长的规定【R134. 2】。对于上述任何中断的起始日和结束日，欧洲专利局应予以公布【R134. 4】。如果向成员国专利局提交专利申请，由成员国专利局转送的【R37. 2】，也适用于此规定。

（3）向成员国专利局提交的期限延长

对于以下两种情形，上述（1）和（2）的规定也同样适用【A134. 3】：

（a）如果第三方提出的新申请是在某个成员国的专利局提交的【A75. 1. b】；

（b）或者成员国法律对专利申请有进一步限制，要求所有的专利申请应当首先向本国专利局提出，或者经过事先批准后，才能够向其他国家的专利机构提出专利申请【A75. 2. b】。

（4）其他不可抗力造成的期限延长

在不违反上述（1）~（3）规定的前提下，如果当事人可以证明在期限届满日之前十天内，由于意外情况发生使邮件的邮递或传送发生中断的，例如自然灾害、战争、内乱等，根据《实施细则》第 2 条第 1 款的规定由欧洲专利局局长认可的任何通信技术手段的一般故障，或者影响到当事人或其代理人住所地或主要营业地的其他类似原因。如果所提供的证据符合欧洲专利局的要求，且最迟在中断结束后的第五日完成相关文件邮寄或传送的，则逾期到达的文件可被视为按时提交【R134. 5】。

4. 权利的恢复

（1）权利恢复的一般规定

即使欧洲专利的申请人没有按照期限提供文件，仍有权请求继续审查欧洲专利申请，在符合特定条件【R135】的情况下，欧洲专利局应当允许，否则应当驳回请求。如果欧洲专利局最终受理了继续审查的请求，未履行期限的法律后果应当视为未曾发生【A121. 3】。

此外，类似于我国《专利法》规定的权利恢复，如果在当时情况下欧洲专利的申请人或专利权人已经尽到全部努力，但仍然不能按期履行欧洲专利局规定的程序，并因此而导致专利申请或其他请求被驳回，或者专利申请被视为撤回、专利权被撤销，或导致丧失其他权利或者救济的，经当事人请求，在符合特定条件情况下，其权利应当恢复【A122. 1】。

（2）权利恢复的特定条件

权利恢复的特定条件是指【R136】：

（a）任何权利恢复的请求，都应在引起未遵守期限的原因消除后的2个月内以书面方式提出，最迟不得超过未遵守期限届满后的一年。但是，有关《公约》第87条第1款（优先权）和公约第112a条第4款（请求扩大上诉委员会复审）所规定的期限，权利恢复的请求应于该期限届满日后的2个月提出。只有缴纳了权利恢复费后，请求才视为已被提出。

（b）权利恢复的请求应说明理由，并附上所依据的事实证据，所疏忽的行为应在按照上述（a）规定提出请求的期限内履行。

（c）权利恢复不适用于可以利用《公约》第121条规定的继续审查的任何期限，也不适用于请求恢复权利的期限。

（d）负责对所疏忽行为作出决定的部门应对此权利恢复的请求作出决定。

如果恢复权利的请求符合条件，欧洲专利局应当准予，否则应当驳回【A122. 2】。如果欧洲专利局准予请求，未履行期限的法律后果应当视为未曾发生【A122. 3】。对于本公约规定应该向成员国当局履行的期限，成员国可以根据自身情况另行规定是否允许恢复【A122. 6】。

（3）权利逾期期间第三方的使用

在权利逾期的期间内，如果第三方出于诚信，在欧洲专利指定国内已经使用，或者已经做好有效的使用准备，受已公布欧洲专利申请或欧洲专利保护的发明，则第三方可以在其商业活动中或者为其商业活动的需要，继续上述使用行为，并不须支付费用【A122. 5】。

四、费用

1. 申请费和检索费

欧洲专利申请应当支付专利申请费和检索费。申请费或者检索费没有按时支付的，欧洲专利申请视为撤回【A78. 2】。申请费与检索费应在欧洲专利申请提出后的 1 个月内缴纳【R38】。

2. 申请附加费

权利要求超过 15 项的欧洲专利申请，从第 16 项权利要求开始，需要缴纳申请附加费。根据欧洲专利局公布的收费标准，从第 16 项到第 50 项的申请附加费为每项 235 欧元，从第 51 项开始每项 585 欧元。该笔费用应在权利要求提出之日起 1 个月内缴纳权利要求费，如果未能按时缴纳，仍可在未能遵守期限的通知之日起 1 个月内缴纳。如果再次未能按时缴纳权利要求费，则相关的权利要求将被视为放弃【R45】。

根据目前欧洲专利局公布的收费标准，欧洲专利申请文件如果超过 35 页的，从第 36 页起，以每面 15 欧元的价格收取附加费。

3. 指定费

当欧洲专利申请指定成员国时，需要缴纳指定费。根据目前欧洲专利局公布的收费标准，指定每一个成员国的费用为 100 欧元。指定费应在欧洲检索报告公布于《欧洲专利公报》之日起 6 个月内缴纳。如果在逾期没有缴纳针对某一指定国的指定费，则相对于该指定国，该申请将被视为撤回。如果逾期没有缴纳任何指定费，或者撤回对所有成员国的指定，则该申请将被视为撤回【R39】。

一般情况下，已经缴纳的指定费不予退还，但有一个例外，即自专利申请日起4个月内，要求优先权的，自优先权日起14个月内，如果专利申请文件仍然未转送给欧洲专利局，则该申请被视为撤回，关于该申请的任何已缴费用应当被退还【R37.2】。

4. 申请维持费

我国《专利法》中没有申请维持费的规定，申请维持费的作用在于维持专利审查的状态。自欧洲专利申请日起算第三年以及以后每一年，申请人都应当向欧洲专利局缴纳申请维持费。如果逾期未缴纳申请维持费，欧洲专利申请将被视为撤回【A86.1】。欧洲专利申请在《欧洲专利公报》公告授权，且专利权人缴纳了当年的维持费后，缴纳申请维持费的义务终止【A86.2】。根据目前欧洲专利局公布的收费标准，维持费逐年递增，如表3-2所示。

表3-2 欧洲专利申请的维持费

年　份	第3年	第4年	第5年	第6年	第7年	第8年	第9年
维持费/欧元	470	585	820	1 050	1 154	1 280	1 395

任何在《欧洲专利公报》公布专利授权的2个月内应予缴纳的维持费，必须在此期间缴纳，才是有效的缴纳。成员国不得另行收取国内法律规定的其他费用【A141.2】。

五、证据

1. 证据的种类

在欧洲专利审查、异议、上诉等程序中，证据的种类如表3-3所示【A117】。

表3-3 证据种类及其作用

证据种类	作　用
当事人的陈述	用以确定当事人所主张的事实
请求外界提供的信息	用以调取欧洲专利局和当事人无法提供的信息

续 表

证据种类	作 用
书证	包括所有的书面文件，如为公众所知的现有技术
证人证言	听取除当事人之外自然人对事实的描述
专家意见	听取专家对客观事件的看法
调查	调查产品或方法的物理特征或者运行状况
宣誓确认的书面陈述	使得证据形式遵守成员国法律的规定

2. 取证的决定与证据召集

对于表 3－3 中当事人的陈述、证人证言、专家意见及调查这四种证据而言（其他证据不适用），如果欧洲专利局认为有必要对这四种证据进行取证的，应当作出明确的取证决定【R117】。

如果一方当事人提出要听取证人证言或专家意见，欧洲专利局应当准许，并要求当事人在指定期限（通常为 2 个月）内提供证人或专家的姓名和住址。

如果需要对事实进行调查，欧洲专利局应当明确准备调查的问题、需要证实的事实，以及拟进行调查的时间和地点。

欧洲专利局应向当事人、证人或专家发出召集提供证据的通知，给予其至少 2 个月的时间（除非其同意缩短该期限），召集通知包括以下内容【R118】：

（a）根据《实施细则》第 11 条规定（第一审级机构的职责）作出的决定的摘要，指出拟安排审理的时间和地点，以及需要听取当事人、证人和专家所陈述的事实；

（b）当事人的姓名及证人和专家可根据《实施细则》第 122 条第 2~4 款（作证的津贴）的规定可以获得的具体权利；

（c）当事人、证人或专家都可按照《实施细则》第 120 条（主管国家法院听证）的规定，请求由其所在成员国的主管法院听取陈述的说明，并要求当事人、证人或专家在欧洲专利局所指定的期限内，就其是否准备出席欧洲专利局的程序通知该局。

3. 证据的审查

欧洲专利局的审查部、异议部或者上诉委员会可以任命工作人员对证据进行审查，为了督促当事人、证人和专家在提供证言或意见时表述客观真相，他们在欧洲专利局所作出的证据，都将会受到其所在成员国法律的约束。在审查过程中，当事人也可以对证人和专家进行询问，以便审查员更好地掌握事实【R119】。当事人也可以对某一位专家提出回避请求，由欧洲专利局对此请求作出裁决【R121.4】。

4. 取证的费用

如果一方当事人要求证人作证或专家出具意见，则必须事先向欧洲专利局缴纳保证金，具体数额由欧洲专利局进行估算后确定。该笔保证金中的一部分将用于支付证人和专家的差旅费和津贴，证人有权要求支付其因作证而导致的误工费，专家有权要求支付其工作费。差旅费和津贴可以预支，而误工费和工作费则需要等待义务完成后方可支付【A122】。

5. 证据保全

如果证据有毁损、灭失的风险，当前不进行证据收集未来可能更难或者不可能收集证据，则当事人可以向欧洲专利局申请证据保全。对于符合条件的请求，欧洲专利局应当立即采用证据保全措施，将采取措施的日期及时通知当事人【R123.1】。

证据保全的请求书应当包括：

(a)《实施细则》第41条第2款c项规定的请求人的具体信息；

(b) 能够分辨涉案专利或专利申请的说明；

(c) 具体说明需要取证的事实；

(d) 取证或者得到证据的具体信息；

(e) 担心未来可能更难或者不可能收集证据的意见陈述。

证据保全的请求人必须缴纳规定的费用，其请求书才会被视为已经提交。欧洲专利局的相关部门将对请求书进行审查并作出是否采取证据保全的决定。

思考与练习

1. 欧洲专利申请的途径有哪些?
2. 欧洲专利请求书包括哪几个部分?
3. 确定欧洲专利申请日的条件是什么?
4. 确定专利优先权日的条件是什么?
5. 如何判断一个专利申请中多个独立权利要求之间的单一性?
6. 不满足单一性要求时，专利申请人有什么救济方式?
7. 欧洲专利局规定的官方语言有哪几种?
8. 在专利申请中，不提供翻译文本有怎样的法律后果?
9. 欧洲专利局作出通知的方式有哪些? 如何计算不同方式的送达日?
10. 对逾期收到的文件的处理方式是什么?
11. 期限中止的情形有哪些? 恢复的条件是什么? 期限中止有怎样的法律效力?
12. 指定费的含义是什么? 不缴纳指定费会产生怎样的法律后果?
13. 申请维持费的含义是什么? 不缴纳申请维持费会产生怎样的法律后果?
14. 取证的费用由谁承担?
15. 申请证据保全应当提交哪些材料?

第四章　欧洲专利申请的审查制度

本章要点

（1）欧洲专利申请的审查原则；

（2）欧洲专利申请的形式审查；

（3）欧洲专利审查中的检索报告；

（4）欧洲专利申请的实质审查；

（5）欧洲专利申请的授权；

（6）欧洲专利申请的驳回。

欧洲专利申请的审查分为形式审查、检索报告与实质审查，以《公约》《实施细则》和《欧洲专利审查指南》为法律依据。实际上，对于专利申请人提交文件的实体要求与形式要求，与审查员对专利文件的审查标准相同，可参见第二、三章的内容。

欧洲专利局审查部处理有关授权与驳回的事务。每一个审查部由三名具有技术资格的审查员组成，如果有需要，还可以增加一名具有法律资格的审查员。当审查结果出现争议且平局的情况下，以审查部主任的意见作为决定性意见。

第一节　专利审查的基本原则

专利审查具有以下三种基本原则。

（1）听证原则

在专利审查过程中，审查员作出不利于申请人的决定之前，应当给申请人至少一次针对审查意见发表答辩意见的机会。最终审查员作出决定所依赖的理由和证据，只能够是申请人已有机会发表意见的理由和证据。必须是专利申请人提交的或者经其同意的文本，才能够作为欧洲专利局审查和决定的依据【A113】。

（2）依职权审查原则

在欧洲专利局的所有法律程序中，审查员应当依照职权对事实进行审查，所审查的对象不局限于申请人提供的事实、证据或理由。审查员也可以要求申请人在指定期限内提供文件，对于申请人逾期提供的文本，审查员可以不予以考虑【A114】。当然，审查员也可以在法律允许的范围内，依据自由裁量权，将逾期提供的文本纳入考虑范围。

（3）保密原则

专利申请公开之前的所有信息都处于保密状态，欧洲专利局的工作人员即使离职以后，也不得披露或者利用任职期间具有秘密性质的信息【A12】。

第二节　形式审查、检索报告与实质审查

一、形式审查

欧洲专利申请提交后，受理处将对该专利申请是否符合法律规定进行形式审查，具体包括以下内容。

1. 是否符合取得申请日的条件

欧洲专利局应当根据《公约》和《实施细则》的规定，审查专利申请是否符合给予申请日的条件【A90.1】。如前文所述，取得申请日的基本条件可以概括为两点，即向合适的受理部门提出专利申请并提交符合最低要求的文件。

对于第一个条件，欧洲专利申请可以向欧洲专利局直接提出，或者向成员国专利局提出后，由成员国专利局向欧洲专利局进行文件的转送。无

论采用何种方式，当专利申请文件到达欧洲专利局时，就已经符合该条件。

对于第二个条件，最低要求的文件包括请求授予欧洲专利的意思表示、提供能够联系到申请人的信息、说明书或者关于在先提出的申请的说明文件。审查员对于这些文件的审查标准与申请人应当满足的最低标准相同，请参见本书第三章“提交符合最低要求的申请文件”的内容。

如果申请人符合上述两个条件，则欧洲专利局确定其申请日；否则，此申请不能够作为欧洲专利申请，也无法获得专利申请日【A90.2】。

2. 确定申请日后的形式审查

欧洲专利申请取得申请日后，审查员将具体审查相关文件是否符合《公约》和《实施细则》的规定。

《公约》中对形式审查的规定具体包括【A90.3】：

（a）专利申请文件所使用的语言是否是官方语言或提供了翻译【A14】；

（b）申请书的内容是否完整，是否缴纳了申请费和检索费【A78】；

（c）是否指定了发明人，是否说明了原始权利的来源【A81】；

（d）要求优先权的，是否提交了优先权声明和其他规定文件【A88.1】；

（e）对于强制委托专利代理的，是否委托了专利代理人【A133.2】。

《实施细则》中对形式审查的规定具体包括【R57】：

（a）是否按期提交了官方语言的译文【A14.2，R36.2，R40.3】；

（b）请求书的格式、内容是否完整【R41】；

（c）权利要求书是否符合规定【A78.1.c，R40.1.c，R40.2，R40.3】；

（d）是否提交了摘要【A78.1.e】；

（e）是否缴纳了申请费与检索费【R17.2，R36.3，R38】；

（f）是否作出了对发明人的指定【R18.1】；

（g）要求优先权的，是否满足了主张优先权的条件【R52，R53】；

（h）对于强制委托专利代理的，是否委托了专利代理人【A133.2】；

（i）提交的文件是否符合规定的格式【R46，R49.1~9，R49.12】；

(j) 如涉及核苷酸和氨基酸序列的，是否符合规定【R30】。

如果申请人提交的文件不符合上述要求，审查员将给予其补正的机会，申请人应当在审查员指定的期限内提交补正后的文件。

3. 缺陷的补正

在按照上述第 1 项和第 2 项进行形式审查时，如果审查员认为专利申请的缺陷能够补正，则应当给予申请人一次补正的机会。

对于权利要求书，如果专利申请文件不符合权利要求书的规定，欧洲专利局将通知申请人在 2 个月内补正缺陷，否则该申请将不能作为欧洲专利申请处理。如果申请人在规定期限补正了缺陷，欧洲专利局将确定申请日并通知申请人【R55】。

对于说明书附图，如果说明书中写有对附图的说明但无附图或者缺少部分附图，申请人应当按期补交附图或者声明取消对附图的说明。若申请人补交附图的，则以提交或者邮寄附图之日为申请日；取消对附图的说明的，保留原申请日【R56】。

对于优先权，如果在规定的时间内，未提交在先申请的申请号【R52.1】，或者未提交申请副本【R53.1】，欧洲专利局将要求申请人在指定的期限内提交【R59】。

如果专利申请文件不符合上述第 2 项《实施细则》第 57 条 a~d 项、h 项和 i 项的要求，欧洲专利局将通知申请人在规定的 2 个月内对所指出的缺陷进行补正。只有在足以补救这些缺陷的范围内才可以对说明书、权利要求书和附图作出修改【R58】。

4. 不补正缺陷的法律后果

如果申请人对于第 1 项内容没有补正，则不会进入第 2 项的审查。如果申请人对于第 2 项内容没有补正，除优先权缺陷和缴费缺陷外，则该专利申请将被驳回。如果申请人不补正缴费缺陷，则该专利申请将被视为撤回。如果申请人不补正优先权的缺陷，则申请人丧失要求优先权的权利。

二、检索报告

检索报告由检索部作出，其目的在于使审查员和专利申请人对技术方案的可专利性进行判断，但检索报告的内容并不能够成为审查员授权或驳回专利申请的依据。检索主要依据的是专利申请的权利要求书，适当参考说明书和附图【A92】。欧洲专利审查的检索报告是授权前的必经程序，对于每一件欧洲专利申请而言，只要按照规定取得了申请日，并且申请人缴纳了检索费，就将对其作出专利检索报告，并予以公布。

1. 检索报告的一般规定

检索报告的一般规定涵盖了每一份检索报告中的共性问题。

(1) 检索报告引用的内容

截至检索报告作出之日，检索人员所能够掌握的有可能影响专利申请新颖性、创造性的文献，都应当作为检索报告引用的对象。检索报告所引用的文献必须是与专利申请权利要求相关的文献，必要时还需要指出所引用文献的有关部分【A61. 1~2】。

在文献时间排序方面，检索报告应当把所引用的文献按以下标准进行区分：优先权日之前的文献、优先权日与申请日之间的文献以及申请日之后的文献，以便在实质审查中更好地对相关文献进行对比。如果检索人员获得了申请日之前通过口头公开、使用公开的方式公开的文献，则应当指明该文献的公开日以及非书面方式公开的日期【A61. 3~4】。

检索报告应当使用审查程序中的语言撰写，并按照国际专利分类号对专利申请进行分类【A61. 5~6】。

(2) 检索报告引用文献的标注

检索报告中所引用的文献按照类型进行划分，分别用 X、Y、A、T、P、E、D、O、L 进行标注，其含义如表 4-1 所示。

表 4-1　检索报告引用文献的标注及其含义

标　注	含　　义
X	仅考虑自身就与专利申请十分相关的文献
Y	需要与其他文献相结合的相关文献
A	涉及技术背景，但不是十分相关的文献
T	基于本发明的理论或原理，显示本发明推理或事实不正确的文献

续 表

标 注	含 义
P	如果文献在优先权日与申请日之间公开，与 X/Y/A 相结合标注
E	仅用来评价专利申请新颖性的文献
D	在被检索的申请中所引用的文献
O	通过口头形式公开的文献
L	上述类型之外的文献

2. 检索报告的特殊规定

检索报告的特殊规定是针对具体问题而产生的缺乏共性的问题。

(1) 扩展的欧洲检索报告

专利检索与审查分属不同的环节，实际上，如果检索员与审查员是同一个人，那么由于他在检索阶段已经对专利申请的技术方案有所了解，必将提高审查阶段的效率和准确性。因此，扩展的欧洲检索报告制度得到了欧洲专利局的推广。

所谓扩展的欧洲检索报告，是指在作出检索报告的同时，还提供一份有关该专利申请是否符合《公约》要求的意见书，该意见书中涉及审查报告中可能涉及的所有事项【R62】。对于该意见书，欧洲专利局将给予申请人发表意见的机会，如果申请人未陈述意见，则该申请将被视为撤回【R70a】。

可以看出，扩展的欧洲检索报告比传统的检索报告更加详细，它能够让申请人对技术方案授权前景有一定的判断，以便更好地修改申请文件，或者选择是否提出实质审查请求。该意见书并不会与检索报告一并公布，但如果专利申请被公布，则第三方可以通过请求获取该意见书。

(2) 缺乏单一性的检索报告

如前文单一性部分的内容所述，当一件欧洲专利申请存在多个独立权利要求时，必须符合单一性【A82】的要求。如果检索员认为其不符合单一性条件，则会要求申请人在 2 个月内说明解释，如果未按时提交说明解释，则按每一类型的第一个权利要求进行检索，检索部也将要求申请人将其权利要求限制在检索主题范围内，这将不利于后期的审查与授权【R62a】。

如果欧洲专利申请不符合单一性的标准，检索员将按照权利要求的顺序，仅针对第一个独立权利要求书出具检索报告。如果申请人要求对其余权利要求出具检索报告，则必须在检索员指定的期限（不得少于2周，也不得多于6周）内缴纳检索费，欧洲专利局只会对已经缴纳检索费的权利要求出具检索报告【R64.1】。

（3）不完全检索

当发生特定情形时，检索员可以不对专利申请进行全面检索，仍然符合法律规定。这里的特定情形主要是指：

① 发明创造的技术方案属于不可授予专利权的主题【A52~53】；

② 专利申请的权利要求过于宽泛且明显不能得到说明书的支持，或者权利要求与说明书的术语缺乏统一性。

上述两种情况将使得专利检索变得毫无意义。此时，检索员可以作出声明，详述不能对这类专利申请进行检索的理由，或者只对部分内容进行专利检索。该声明或者部分检索的内容，将被视为欧洲检索报告。

3. 检索报告的送达

欧洲检索报告作出之后，欧洲专利局应当将检索报告与所有引用的文献副本立即送达给申请人【R65】。由于摘要没有法律效力，因此如果欧洲专利局认为摘要不符合摘要的内容与形式条件【R47】，则其有权对摘要进行改写，并将最终确定的摘要与检索报告一起送达申请人【R66】，申请人不能对摘要的修改提出意见。

三、实质审查

1. 实质审查的提出

欧洲专利申请符合形式审查的要求后，经申请人提出实质审查请求并缴纳审查费用，将会进入实质审查阶段。

（1）提出实质审查请求

自欧洲专利检索报告公布于《欧洲专利公报》之日起，申请人可以请求对欧洲专利申请进行审查，此请求不可以撤回【R70.1】。

实际上，检索报告可以类比于对专利申请的一次“体检”，专利申请人在得到检索报告后，能够对该专利的授权前景有一个初步的判断。如果申请人认为该专利申请的授权前景非常渺茫，自然不会提出实质审查的请求（因为要缴纳费用）；相反，如果申请人认为该专利申请具有授权前景，则会提出实质审查的请求，该请求直到申请人缴纳了审查费用后才会生效。

当然，如果专利申请人对将来获得专利授权非常自信，也可以在检索报告尚未传送到之前提出实质审查请求。此时，欧洲专利局会与申请人进行确认，要求申请人就是否希望继续对该申请进行审查表明态度，并且给予申请人针对检索报告进行答复的机会，申请人有权利在需要时修改说明书、权利要求书和附图【R70.2】。答复此通知的期限是检索报告公布之日起6个月内，如果申请人未能按期作出答复，该专利申请将被视为撤回【R70.3】。申请人如果在专利申请时就明确表明不需要接到这样的通知书，则检索报告将与审查报告一并发出。

（2）缴纳审查费用

在申请人缴纳审查费前，实质审查请求被视为没有提出【A94.1】。审查费一般在提出审查请求的同时缴纳，最早也可以在检索报告作出之前缴纳。

（3）不提出实质审查请求的法律后果

如果申请人逾期没有提出实质审查请求，欧洲专利申请应当视为撤回【A94.2】。如果专利申请人逾期没有答复审查部的通知，其欧洲专利申请也应当视为撤回【A94.4】。

2. 实质审查中的修改

欧洲专利申请进入实质审查程序后，如果审查员发现不符合《公约》和《实施细则》中专利授权的条件，应当给予申请人至少一次陈述意见的机会【A94.3】。申请人修改之后的专利申请的主题和技术信息不应超过提交专利申请时的相应内容【A123.2】。

（1）修改的时机

实质审查中修改的时机有两类，即主动修改及根据审查员指出的缺陷被动修改。

一般情况下，除另有规定之外，申请人在收到检索报告之前，不得修改专利申请的说明书、权利要求书或附图【R137.1】，在收到检索报告之后，申请人可以自行修改说明书、权利要求书及附图【R137.2】。主动修改的范围较大，但是修改不能超过提交专利申请时的范围。

在审查过程中，审查员如果认为专利申请不符合授权的条件，将会向申请人发出审查意见通知书，要求申请人陈述意见或修改缺陷。审查员应当尽可能在一次通知书中说明该专利申请的全部缺陷【R71.2】，由专利申请人进行被动修改。被动修改的范围较小，只能够针对审查员指出的缺陷或明显的表述错误作出陈述意见或进行补正，有必要时要修改权利要求书、说明书及其附图【R71.1】。

（2）修改的要求

对于专利申请文件中显而易见的错误（例如标点符号错误），任何阶段申请人都可以进行主动修改。但如果修改后会产生新的技术方案或权利，则不允许这种修改【R139】。

对于欧洲专利局决定中的表述错误、抄写错误或者其他明显错误，欧洲专利局可以自行更正，或者依申请人的请求更正【R140】，并且更正后的决定书具有追溯力。

对于第一次审查意见通知书和之后可能收到的审查意见通知书，针对审查员指出的缺陷，申请人可以对权利要求书、说明书及其附图进行修改，在答复审查意见时一并提交修改后的文本【R137.3】，仅能修改审查员指出的缺陷或者明显的表达错误。

无论怎样修改，申请人都不能将与原来技术方案不具有单一性的技术方案写入申请文本中【R137.4】。

为了加快审查程序，早日对缺陷进行修改，申请人可以要求与审查员进行电话会谈与会晤，审查员会根据实质审查的情况，自由裁量是否进行电话会谈与会晤。审查员只要认为通过会晤能达到有益的目的，就应当同意申请人提出的会晤要求；反之，审查员可以拒绝会晤要求。

（3）不修改缺陷的法律后果

如果申请人逾期没有答复审查意见通知书，或者尽管作出了陈述意见或进行了补正但仍然没有克服审查员指出的缺陷，则该专利申请会被驳回。当然，如果审查员认为缺陷是可以克服的，也可能会再次发出审查意见通知书，再给申请人一次答复的机会。

3. 书面审理

如果说形式审查是对申请文件是否齐备进行审查，那么实质审查则是对专利的可授权性进行审查，重点是对权利要求书和说明书进行审查，以判断技术方案的可专利性。

（1）对可专利性的审查

在专利授权之前，权利要求书界定了专利申请所希望获得的保护范围，权利要求应当清楚、简要、完整，并得到说明书的支持，如表4-2所示。说明书应当公开充分，达到本领域普通技术人员阅读该说明书便能够实施技术方案的要求，此处的说明书也包括说明书附图。而由于摘要只是提供技术信息，它不具有法律保护层面的效力，也不得使用摘要来解释权利要求书的保护范围，因此对于摘要的审查较为宽松。上述审查标准与我国《专利法》中的审查标准类似。

表4-2　权利要求——清楚、简要、完整、得到说明书支持的含义

项　目	含　　义
清楚	每一项权利要求中不得包括含糊不清的词语（如“高温”），权利要求之间的引用关系应当清楚
简要	权利要求的用词应当简要，数量应当合理，不得出现保护范围实质相同的两个权利要求
完整	权利要求中记载的技术特征应当能够解决技术问题
支持	权利要求所希望保护的技术方案，应当在说明书中进行充分的体现

审查员会对权利要求书的新颖性、创造性及实用性进行审查，审查标准与本书第二章欧洲专利授权的基本条件中的内容一致。具体的案例可以参见《欧洲专利审查指南》（Part G - Patentability）的内容。

（2）申请人提供现有资讯的义务

在审查过程中，欧洲专利局可以要求申请人提供现有技术信息，要求申请人提供与申请欧洲专利保护的发明相关、并且在其他国家或地区专利审查过程中考虑过的现有技术资讯【A124.1】。

由于大多数欧洲专利申请都会在请求书中声明优先权，在先提交专利的国家很可能已经完成了检索报告，这些检索报告可以成为欧洲专利局的参考。因此，对于其他国家或地区审查时已使用过的现有技术，以及与该欧洲专利申请有关的发明，欧洲专利局可以要求申请人在指定的期限内提供【R141】。

即使申请人没有在其他国家或地区就同样的发明创造申请过专利，也仍然需要答复欧洲专利局，如果申请人逾期未答复关于现有咨询的要求，该欧洲专利申请视为撤回【A124.2】。

我国《专利法》也有类似的规定，如果发明专利已经在外国提出过申请的，知识产权局可以要求申请人在指定期限内提交该国为审查其申请进行检索的资料或者审查结果的资料；无正当理由逾期不提交的，该申请即被视为撤回。

（3）对第三方意见的处理

欧洲专利实质审查过程中可以听取第三方意见，欧洲专利申请公布以后，任何第三方均可以依照《实施细则》在欧洲专利局的法律程序中，对所涉发明是否满足专利性要件发表意见【A115】。但是，第三方不是审查程序的当事人，审查员并没有义务采用第三方的意见，是否采用均不需要将结果通知第三方。

4. 口头审理

（1）口头审理的启动

口头审理是书面审理的补充，能够使审查员更快、更直接地掌握事实真相。审查部可以依职权或者依当事人申请启动口头审理程序。如果审查部认为有必要或拟驳回专利申请，且申请人提出口头审理的请求，则审查部必须举行口头审理【A116.2】，由审查部举行的口头审理不公开进行【A116.3】，因为此时专利申请尚未公开。如果当事人就同样的理由和同样的法律问题向同一部门再次进行口头审理的，审查部可以驳回其请求【A116.1】。

（2）口头审理的召集

审查部应当至少提前2个月发出口头审理的召集通知，除非当事人同意在更短的期限内举行口头审理。在发出口头审理通知时，应当告知当事人，如果其不参加口头审理，审查部能够进行缺席审理，而不会将口头审理程序延后【R115】。

审查部在发出召集口头审理通知时，应当在通知书中写明口头审理将讨论的争议焦点，确定在口头审理程序中提交文件的期限，该期限不得延长，对于超过该期限提交的文件，一般不予以考虑【R116.1】。实际上，在实质审查中启动口头审理程序，相当于给了申请人一次修改专利申请文件的机会。

（3）口头审理的记录

口头审理中的当事人信息、进展程序及证据情况都应当记入笔录。对于当事人的陈述、证人证言及专家意见，无论笔录是书面记录还是电子手段（如录音）记录，都需要与其本人进行核对，除非其本人放弃核对的权利。最终的笔录还应当有口头审理的主持人、笔记记录人的签字。审查部应当将笔录副本送达各方当事人【R124】。

第三节　专利申请的授权与驳回

一、专利申请的授权

欧洲专利经审查，满足《公约》和《实施细则》规定的授权要求，则应当作出授予欧洲专利的决定【A97.1】。

1. 授权前的程序

即使专利申请已经满足授权的实体要求，但这并不意味着专利已经取得了授权，申请人还需要办理相关手续。具体包括以下内容。

（1）确定最终文本并翻译权利要求

欧洲专利局在决定授予欧洲专利之前，应当将拟授权的专利文本和著录项目送达专利申请人，经其最终确认后的文本才是将来公告授权的文本。此外，申请人还必须在4个月期限内，将权利要求书翻译为除审查程序语言之外的另两种欧洲专利局官方语言【R71.3】。

（2）缴纳费用

根据目前欧洲专利局公布的收费标准，申请人需要缴纳授权公告费。

如果最终拟授权的权利要求项数超过了15项，则从第16项开始的每一个权利要求，申请人都需要缴纳权利要求费，每一项为235欧元，除非在审查阶段申请人已经缴纳了该笔费用【R71.4】。如果专利授权公告的文件不足35页，则费用为925欧元；如果超过35页，则从第36页起按每页增收15欧元为标准。

（3）不履行程序的法律后果

如果没有按时交纳文件或费用，或者没有按时提交译文，该欧洲专利申请将被视为撤回【R71.7】。

2. 作出授权决定

如果申请人缴纳了所有费用，提交了权利要求书的相应译文，并且确认了最终的授权文本，则欧洲专利局将作出授予欧洲专利的决定。决定中应说明欧洲专利申请中的哪一个文本构成了决定的基础。

在决定授予欧洲专利之前，在任何时候审查部都可以重新进行审查程序【R71a.1~2】。如果在授予欧洲专利的通知之前欧洲专利申请被驳回、撤回，或者在任何时候，被视为撤回，则退还授权公告费【R71a.6】。

当不同的个人在欧洲专利登记簿中针对不同的成员国登记为申请人时，欧洲专利局应当授予每一成员国相应的欧洲专利【R72】。

一旦公布欧洲专利说明书，欧洲专利局应当向该欧洲专利权人颁发欧洲专利证书。欧洲专利局局长应当规定证书的内容、格式和颁发形式并确定要求缴纳手续费的情形【R74】。

3. 公告授权

欧洲专利的授权决定自其在《欧洲专利公报》公布之日起生效【A97.3】。自《欧洲专利公报》公布欧洲专利授权决定后，欧洲专利局应当尽快公布欧洲专利说明书【A98】，此时公布的说明书为B1文献，区别于异议后公布的B2文献以及专利权人限制性修改后公布的B3文献。

欧洲专利局的授权公告提供非常详细的专利信息，甚至包括权利要求的引用关系树型结构，以我国华为公司的某专利为例，如图4－1所示。

1. An input processing method, comprising:
acquiring, by a terminal device according to an input mode selected by a user, first input information that is input by the user and matches the input mode, wherein the input mode is a gesture input mode or a voice input mode;
encoding, by the terminal device, the first input information according to a preset encoding rule to obtain code corresponding to the first input information; and
querying, by the terminal device, a pre-established vocabulary to acquire a candidate word corresponding to the code.

8. An input processing apparatus, comprising:
an information acquiring module, configured to acquire, according to an input mode selected by a user, first input information that is input by the user and matches the input mode, wherein the input mode is a gesture input mode or a voice input mode;
an encoding processing module, configured to encodes the first input information according to a preset encoding rule to obtain code corresponding to the first input information; and
a query and acquisition module, configured to query a pre-established vocabulary to acquire a candidate word corresponding to the code.

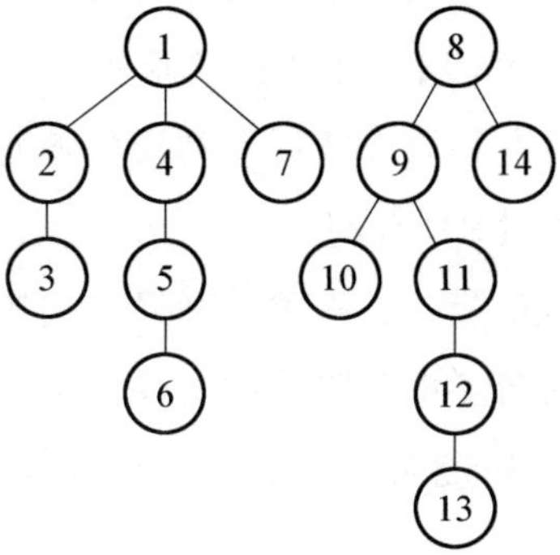

图 4－1　华为公司某专利权利要求的树型图

从图 4－1 中可以看出，华为公司这件专利共有 13 个权利要求，其中权利要求 1 和 8 为独立权利要求，其余为从属权利要求，并且能够看出清晰的引用关系。

二、专利申请的驳回与救济

1. 驳回

经审查，欧洲专利申请及所涉发明不满足《公约》或《实施细则》规定的授权要求，且已经给过申请人修改的机会，修改后仍然不能克服缺陷的，则审查部应当作出驳回申请的决定【A97. 2】。

2. 驳回后的救济

（1）提出上诉

对审查部的驳回决定不服，申请人可以提出上诉。上诉期间，上述决定的法律效力中止。请参见本书第七章欧洲专利上诉制度的内容。

（2）转换为成员国的国家专利申请

欧洲专利申请被驳回后，经申请人按《实施细则》中的规定提出请求并缴纳转换费后，在其指定的成员国专利局，可以将欧洲专利申请转换为成员国的国家专利申请，适用国家专利审查程序【A135. 1. b】。欧洲专利局应当将转换请求书转送至申请人所指定国家的专利局【A135. 3】。如果欧洲专利的申请人或专利权人没有在规定期间提交转换请求，则欧洲专利申请的法律效力即告终止【A135. 4】。

申请人的转换请求应当在接到驳回专利申请通知后的 3 个月内提出，否则不具有法律效力【R155. 1】。当转换请求书转送至该请求书指定的成员国的专利局时，有关的专利局或欧洲专利局应随着该请求书附上有关该欧洲专利申请的文件副本【R155. 2】。

对于发生转换时的信息公开，有关专利局应按照其国家程序同等条件和同等范围，向公众公开请求书所随附的文件。由欧洲专利申请的转换所产生的公告印刷的国家专利说明书，应当注明其来源于该欧洲专利申请【R156】。

对于转换的形式要求，成员国不得提出与本公约规定不同的形式要求，也不得附加本公约未曾规定的形式要求【A137. 1】。但是，当成员国专利局收到转送材料后，可以要求申请人在不少于 2 个月的期限内缴纳国家专利申请的申请费、提交原欧洲专利申请的本国官方语言翻译。当申请人要求以在欧洲专利局修改后的文本作为国家专利的审查依据时，在成员国本国法律允许的情况下，成员国还可以要求申请人提供该修改文本的本国官方语言翻译【A137. 2】。

思考与练习

1. 专利审查的基本原则有哪些？
2. 形式审查的作用是什么？
3. 检索报告有什么作用？
4. 缺乏单一性的检索报告有哪些特殊规定？
5. 实质审查中修改的时机有哪些？不同时机对修改范围有怎样的规定？
6. 书面审理中对第三方意见的处理方式是什么？

7. 专利权生效的日期如何确定?
8. 经审查没有发现驳回理由，专利授权前有哪些重要的程序?
9. 经审查专利被驳回后，专利申请人有怎样的救济途径?

第五章　欧洲专利的异议制度

本章要点

（1）异议的基本条件；

（2）可接受的异议理由；

（3）异议审查前的准备；

（4）异议的审查流程；

（5）异议中的口头审理；

（6）异议中特殊情形的处理。

欧洲专利异议（Opposition）制度与我国的专利无效制度类似，它是在专利授权之后启动的一项对技术方案可专利性问题的再审查程序，以提高专利授权的质量。实际上，专利授权的前提只是“经审查没有发现驳回理由”，并不是完全不存在影响专利有效性的因素。由于审查员不可能做到百分之百的正确审查，因此不应当授权的技术方案最终将在异议程序中得以纠正。

欧洲专利局异议部处理有关异议的事务。每一个异议部由三名具有技术资格的审查员组成，其中至少两人未曾参加涉案专利的审查。参与审查的工作人员不得作为异议部主任。如果案件需要，异议部可以增加一名具有法律资格且未参加涉案专利审查的审查员。异议结果采用投票制，如果出现平局，以异议部主任的意见作为决定性意见。

第一节　异议的基本条件

自欧洲专利申请在《欧洲专利公报》公告授权之日起的 9 个月内，任何人可以根据《实施细则》中的异议理由，向位于慕尼黑、海牙或柏林的欧洲专利局提出该专利的异议请求【A99.1】。在上述 9 个月期限内，即使该专利已经在所有成员国被放弃或无效，仍然可以对其提出异议【R75】。

一、当事人、请求书与费用

1. 异议当事人

专利权人与异议人是异议程序的双方当事人【A99.3】，提出异议的一方可以是一人或多人，如果多人针对同一件专利提出异议请求，则需要按照《实施细则》第 151 条第 1 款的规定指定共同代表人。

在我国，任何人都可以提出专利无效，专利权人也可以提出自己专利无效的请求。但是与我国的无效制度不同，在欧洲专利制度中，专利权人不能对自己的专利提出异议。实际上，在我国专利制度中，如果专利权人提出了对自己专利的无效请求，其目的必然是对专利进行一次修改。而在欧洲专利制度中，专利权人可以通过限制性修改程序来实现这一目的，因此没有针对自己专利提出异议的必要。限制性修改程序将在本书第六章中予以介绍。

除专利权人之外的任何人都可以向欧洲专利局提出异议请求，即使是专利被许可人也可以提出专利异议请求。如果在许可合同中双方约定排除被许可人提出异议的权利，他仍然有权利提出专利异议，至于合同中的违约如何处理，则需要由具有管辖权的成员国法院加以处理。

在异议程序中，如果专利权发生了转让，则新的专利权人将代替原专利权人成为异议程序中的当事人。但是，异议人的资格不能转让，如果异议人丧失民事权利能力，则异议程序会终止，除非异议部认为在现有审查基础上已经能够作出专利是否有效的明确结论。

异议程序的当事人享有听证权【A113.1】，有权要求口头审理【A116】，有权提出上诉【A107】。在异议过程中，第三方也能够发表意见【A115】，但第三方不是异议程序的当事人。

2. 异议请求书

异议请求书是请求人启动异议程序的意思表示，请求人需要在欧洲专利局网站下载第 2300 号标准表格，填写后以书面方式提出。请求书包括以下内容【R76】：

（a）异议人的身份信息；

（b）被异议的专利信息，包括专利号、专利权人的姓名及发明名称；

（c）提出异议的范围，基于的理由与证据；

（d）如果指定代理人的，写明代理人的具体信息。

如果提出异议请求的人的住所地或主要营业地在《公约》成员国内，则异议请求书可以用异议人所在成员国的官方语言提出，但必须翻译为欧洲专利局三种官方语言之一才能够被受理。

异议程序的某一当事人所引用的文件应随异议书一起或者通过书面形式提交。如果没有按照欧洲专利局通知的要求按期附上或提交这些文件，欧洲专利局可以不考虑任何以这些文件为基础的论据【R83】。

3. 异议费用

在上述 9 个月期限内，异议请求人应当支付费用，只有缴纳费用后异议请求才正式生效，多人共同提出一件专利异议的，只需要缴纳一份费用。根据目前欧洲专利局公布的费用标准，提出一件专利异议需缴纳 785 欧元。异议程序启动后，适用于欧洲专利具有法律效力的所有成员国【A99.2】。

原则上，异议当事人应当独立承担自身费用，但是，异议部可以基于公平原则，在对异议的审查决定中应对费用的分摊作出处理。只有在确保对相关的权利提供合适保护而必需的开销，才考虑费用的分摊【R88.1】。下列费用可能在当事人之间进行分配：

（a）涉及证人、专家的费用，以及由此产生的取证费用；

（b）各方代表出席口头审理程序或者取证的报酬；

（c）各方当事人出席口头审理或取证产生的直接差旅费用。

根据当事人一方的请求，如果异议部决定分配费用，请求人必须在缴纳了规定的费用后，异议程序才会正式启动。

二、异议理由

1. 可接受的异议理由

异议请求人在请求书中所列明的理由，必须是法定理由才可以被接受，这些法定理由具体包括【A100】：

（a）专利属于专利授权的排除客体【A52~53】；

（b）专利不具有新颖性、创造性、实用性【A54~57】；

（c）专利公开不充分，本领域普通技术人员无法实现【A83】；

（d）专利的保护内容超过其提出专利申请时的技术内容【A123.2】；

（e）专利属于分案申请，但其保护内容超过了母案的内容【A76】。

2. 不可接受的异议理由

尽管有些条款能够作为专利驳回的理由，但却不能够作为异议的理由，具体包括：

（a）专利缺乏单一性【A82】；

（b）专利的权利要求不清楚、不简明，得不到说明书的支持【A84】；

（c）专利权利恢复缺乏法律依据【A122】；

（d）专利权人不具有取得欧洲专利权的资格【A61】；

（e）专利未指明真正的发明人【A61】；

（f）专利的优先权无效不能单独作为无效理由【A87】。

三、不满足异议条件的法律后果

如果提出异议的当事人不满足上述（一）和（二）所规定的条件，除非在异议期届满前补正了缺陷，否则异议部可以驳回异议。对于不可接受而驳回的决定，都将通知专利权人并附上异议书副本【R77】。如果异议人缴纳了费用，但因异议文件不符合规定而被视为未提出，欧洲专利局应当退还该笔费用。

第二节 异议的审查过程

一、审查前的准备

异议程序启动后，将进入异议审查阶段。异议部应当按照《实施细则》的规定进行审查。

1. 专利权人的答复

异议部应将异议请求书送达专利权人，并给予其在规定的时间内陈述意见的机会，此时，专利权人也拥有修改说明书、权利要求书和附图的机会【R79.1】。一般情况下，异议部将给予专利权4个月的期限来陈述意见或进行修改，专利权人有权利选择是否进行答复，即使不答复，也不会影响异议程序的继续进行。

如果多个异议人针对同一件专利提出了异议请求，欧洲专利局应当将所有的异议书都送达专利权人，并将这些异议书的副本送达其他异议人以供参考【R79.2】。

2. 异议人的答复

如果异议部收到了专利权人的答复文件，或者专利权人修改了专利文件，应当将答复文件和修改后的专利送达每一位异议人。异议部认为有必要的，可以要求异议人在指定的期限内针对新送达的文件予以答复【R79.3】。

3. 侵权嫌疑人的介入

由于提出异议需要缴纳费用，还需要花大量的时间准备请求书、收集证据，所以很少有人会无故地提出异议请求。一般情况下，当专利权人以专利侵权为由提出诉讼时，被告会倾向于提出专利异议。一旦异议程序启动，任何第三方都可以介入异议程序，但他必须满足以下两个条件之一【A105.1】：

（a）证明自己被诉侵犯了同一件专利权；

（b）在收到专利权人起诉状后，自己已经去法院提出了确认不侵权之诉。

当第三方介入异议程序后，被当作异议程序一并处理，第三方也能够收到相关的文件，但仅限于异议程序截至目前的全部通知【R79.4】。

侵权嫌疑人的介入通知应当在异议程序启动之日起3个月内以书面方式提出，其内容与异议请求书的要求相同，只有缴纳了异议费后，介入通知才被视为已经提出【R89】。

4. 专利权人的修改

(1) 允许的修改

在异议程序中，专利权人可以对已经授权的专利文件进行修改，但修改之后专利的保护范围不得超出其授权之时的保护范围【A123.3】。权利要求书是确定专利保护范围的唯一法律文件，因此，在异议过程中对权利要求书的修改不能够超过该专利授权时权利要求书所记载的范围。

专利权人的修改并不以异议理由为限，即使是异议人没有提出的理由，专利权人也拥有修改的权利，只要修改不超过授权时专利的保护范围即可。修改后的欧洲专利仍应当包括经权利要求书、说明书和附图【R96】，并且分别适用于《实施细则》中关于这三类文件的要求。

通常情况下，允许的修改方式仅限于权利要求的删除与合并、技术方案的删除，这与我国专利制度的规定基本相同。

例如，原专利权的权利要求如下。

① 一种装置X，其特征在于：A、B、C。

② 根据权利要求①所述的装置X，其特征在于：D。

③ 根据权利要求②所述的装置X，其特征在于：E。

④ 根据权利要求③所述的装置X，其特征在于：F。

基于权利要求之间的引用关系，如果将上述四个权利要求中所要保护的技术方案具体展开，可以得出如下方案。

权利要求①保护的技术方案为：A、B、C。

权利要求②保护的技术方案为：A、B、C、D。

权利要求③保护的技术方案为：A、B、C、D、E。

权利要求④保护的技术方案为：A、B、C、D、E、F。

如果修改后的权利要求书如下。

① 一种装置 X，其特征在于：A、B、C、D、E。

② 根据权利要求①所述的装置 X，其特征在于：F。

这样的修改是允许的，即删除了原权利要求①和②，将原权利要求③作为新权利要求①，将原权利要求④作为新权利要求②。

（2）不允许的修改

当修改会扩大专利授权时的保护范围，或者增加原来不存在的文字内容时，这种修改是不允许的，常见的不允许的修改方式为：

① 删除权利要求中的技术特征，这会使得专利的保护范围扩大；

② 增加新的权利要求，该权利要求的技术方案原来并不存在；

③ 增加实验数据，该实验数据原来并未出现在权利要求之中；

④ 增加技术特征，该技术特征在原权利要求中并不存在。

在上述例子的基础上，如果引用关系发生了变化，那么修改方式也将发生改变，例如，原专利权的权利要求如下。

① 一种装置 X，其特征在于：A、B、C。

② 根据权利要求①所述的装置 X，其特征在于：D。

③ 根据权利要求①所述的装置 X，其特征在于：E。

④ 根据权利要求①所述的装置 X，其特征在于：F。

基于权利要求之间的引用关系，如果将上述四个权利要求中所要保护的技术方案具体展开，可以得出如下方案。

权利要求①保护的技术方案为：A、B、C。

权利要求②保护的技术方案为：A、B、C、D。

权利要求③保护的技术方案为：A、B、C、E。

权利要求④保护的技术方案为：A、B、C、F。

如果修改后的权利要求书如下。

① 一种装置 X，其特征在于：A、B、C、D、E。

② 根据权利要求①所述的装置 X，其特征在于：F。

这样的修改属于技术特征的合并，一般是不允许的，因为由“A、B、C、D、E”和“A、B、C、D、E、F”组成的技术方案，在原专利权的保护范围中并未出现过，扩大了专利的保护范围。

二、异议的基本审查

1. 审查的范围

如果专利权人修改了专利文件，且这种修改属于允许的范围，则应当以修改后的专利文件作为异议的目标专利文件。异议部应当对异议人所提出的理由及其证据进行审查，对于异议人未提出但有可能影响专利授权稳定的理由，异议部也可以依职权进行审查【R81.1】。

2. 答复文件的转送

在异议审查过程中，无论是异议人还是专利权人所提出的答复意见，都应当在指定时间内提交给异议部，由异议部将这些文件转送给对方当事人。在必要的时候，异议部可以要求对方当事人在指定的期限内对所转送的文件进行再次答复【R88.2】。实际上，异议部的审查员可以给予当事人多次答复意见的机会，但考虑到异议程序的效率，当审查员认为能够召开口头审理时，便不再要求当事人进行答复。

3. 给予专利权人修改的机会

如果异议人在规定期限内提出了新的异议理由或新的证据，异议部应当将这些理由与证据转送给专利权人，同时再一次给予专利权人修改专利文件的机会【R88.3】，专利权人有权选择是否进行答复或进行修改。

4. 口头审理

（1）口头审理的启动

异议部认为有必要或者应当事人请求，可以进行口头审理，由异议部举行的口头审理应当公开进行，但如果公开审理会产生特别严重的不良后果，口头审理也可以不公开进行【A116.4】。但无论是否公开审理，口头审理的决定应当公开，这是对公众知情权的一种保障。如果当事人就同样的理由和同样的法律问题向同一部门再次进行口头审理的，欧洲专利局可以驳回其请求【A116.1】。

（2）口头审理的召集

异议部应当至少提前2个月发出口头审理的召集通知，除非当事人同意在更短的期限内举行口头审理。在发出口头审理通知时，应当告知当事人，如果其不参加口头审理，异议部能够进行缺席审理，而不会将口头审理程序延后【R115】。

异议部在发出召集口头审理通知时，应当在通知书中写明口头审理将讨论的争议焦点，确定在口头审理程序中提交文件的期限，该期限不得延长，对于超过该期限提交的文件，一般不予以考虑【R116.1】。

（3）口头审理的记录

口头审理中的当事人信息、进展程序及证据情况都应当记入笔录。对于当事人的陈述、证人证言及专家意见，无论笔录是书面记录还是电子手段（如录音）记录，都需要与其本人进行核对，除非其本人放弃核对的权利。最终的笔录还应当有口头审理的主持人、笔记记录人的签字。异议部应当将笔录副本送达各方当事人【R124】。

三、异议的特殊情形

1. 权属纠纷对异议程序的影响

在异议程序中，如果第三方提供了法院生效判决的证据，证明自己才是异议目标专利的专利权人，如果异议部认为其理由是可以接受的，则会作出中止异议程序的决定，以等待第三方取代原专利权人的地位【A99.4】。当然，如果第三方同意异议程序继续进行，也可以不中止异议，但该“同意”的意思表示一经作出便不得撤回【R78.1】，这显然会不利于第三方。

如果第三方在一个或多个指定成员国中取代了原专利权人的地位，将由该第三方在所述成员国中继续进行异议程序，在这些成员国中该专利的权利要求书、说明书和附图可以与其他成员国中的权利要求书、说明书和附图不同【R78.2】。

2. 异议程序的继续进行

（1）对放弃或失效专利的继续审查

在异议审查期间，如果专利权人放弃了在所有成员国中的专利权（例如不缴纳年费），或者专利在所有成员国内已经失效（例如已到达最长保护期），异议人在收到此通知之日起的2个月内，可以提出继续异议程序

【R84.1】。继续异议程序是有意义的，因为一旦专利经异议程序被无效，则表明其自始不应当授权，该专利权也被视为自始无效，在特殊情况下具有追溯力。

（2）异议部依职权继续审查

在异议审查期间，如果异议人撤回请求，或者异议人死亡或者丧失民事行为能力，异议部可以依照职权继续审查该专利的有效性【R84.2】。依职权继续审查是有意义的，因为如果专利授权不当，不仅仅影响了异议人的合法权益，也是对社会公众的一种不当垄断行为。

3. 异议程序的优先处理

在限制或撤销提出请求时，如果该专利的异议程序正在处理中，则该限制或撤销请求被视为未提出。如果异议人提出异议请求时，专利已经处于限制程序中，则应当优先处理异议程序，停止限制程序，并将费用退还给限制程序的请求人【R93】。但是，如果异议人提出异议请求时，专利处于撤销程序中，则撤销程序还将继续进行。

第三节　异议的法律效力

一、撤销或维持专利权

1. 撤销专利权

如果异议部审查后认为，至少一项异议理由成立，经专利权人修改后仍然无法克服缺陷，则应当作出决定，撤销欧洲专利授权【A101.1】。被撤销的欧洲专利视为自始无效【A68】。

由于《欧洲专利公约》并不排斥成员国内部法律的适用，经异议程序被欧洲专利局撤销的专利权，如果根据某成员国内部法律被授予了其他权利，则该权利并不会丧失。因此，即使异议结果在所有成员国都有效，但这并不表示在所有成员国该技术方案的法律效力完全相同。

2. 维持专利权

（1）基于原始文本

在原专利文件的基础上，如果异议部审查后认为异议理由均不能成立，则应当驳回异议请求，维持欧洲专利权有效。由于专利文件并未进行任何改动，因此不需要出版新的专利文件。

（2）基于修改后的文本

如果专利权人修改了专利文件，在决定维持经修改的专利之前，异议部应将其打算维持专利的文本通知各方当事人，如有不同意见应当在 2 个月内提出陈述意见，可以继续异议审查，否则期限届满后将基于修改后的专利文件维持专利有效【R82. 1】。

如果异议部最终决定以修改后的文本维持专利权，应指明是哪一个专利修改文本构成了该决定的基础【R82. 4】。同时，要求专利权人在 3 个月的期限内缴纳费用，并将新的权利要求翻译为程序中所用语言以外的欧洲专利局的其他两种官方语言【R82. 2】。如果在上述 3 个月期限内未缴纳费用，或者未提交相应的翻译文件，则可以给予专利权人 2 个月的宽限期，但需要缴纳滞纳金。如果宽限期后仍未履行义务，则该专利将被撤销【R82. 3】。

二、新专利文件的公布

如果欧洲专利基于专利权人修改的文本维持有效，欧洲专利局应当在异议决定在《欧洲专利公报》上公告后，尽快公布该专利的新文本【A103】，此时该专利说明书为 B2 文献。新欧洲专利文本中应包括修改后的权利要求书、说明书和附图，以及《实施细则》规定的与公布有关的其他条款【R87】。

第四节　异议的救济途径

任何一方当事人对异议决定不服的，可以启动上诉程序。只要当事人提出的请求没有得到全部满足，就可以提出上诉。例如，异议请求人请求欧洲专利局撤销专利的全部权利要求，只要最终的结果是至少有一条权利要求被维持有效，那么异议请求人就可以提出上诉。如果专利权被全部撤销或部分撤销，专利权人也可以作为上诉人启动上诉程序。但是，如果专利权在原先授权的基础上被维持有效，那么专利权人就不能提出上诉，只有异议请求人才能够启动上诉程序。因为“专利权在原先授权的基础上被维持有效”这一决定并没有对专利权人产生任何不利影响。

关于提请上诉委员会上诉或者提交扩大上诉委员会复审的内容，请参照本书第七章“欧洲专利的上诉制度”中的内容。

思考与练习

1. 如何确定异议程序的当事人？
2. 可以接受的异议理由有哪些？
3. 异议费用分摊的情形有哪些？
4. 异议程序中如何处理侵权嫌疑人的介入？
5. 异议程序中专利权人允许的修改方式和不允许的修改方式是什么？
6. 异议程序中的口头审理是否应当公开进行？
7. 权属纠纷对异议程序会产生怎样的影响？
8. 异议程序的继续进行有哪些情形？
9. 什么是异议程序优先处理规则？
10. 对于撤销专利权的决定，有着怎样的法律效力？
11. 对于基于修改文本维持专利权的决定，新专利文件公布有哪些要求？
12. 对异议决定不服的当事人可以采取怎样的救济手段？

第六章　欧洲专利的限制与撤销制度

本章要点

（1）欧洲专利限制性修改的动机与作用；

（2）欧洲专利的限制性修改的流程；

（3）欧洲专利的撤销的流程。

第一节　限制与撤销制度概况

一、限制性修改与撤销专利权的定义

限制性修改与撤销制度（Limitation or Revocation Procedures，LRP）是2000年《欧洲专利公约修订案》中的新增条款。欧洲专利被公告授权后，专利权人可以对自己的专利进行限制性修改，也可以请求撤销专利权。所谓“限制性修改”是指，专利权人主动修改权利要求，以缩小专利权的保护范围；“撤销专利权”是指，专利权人主动向欧洲专利局提出请求使专利权归于无效。

在《欧洲专利公约（2000年）》增加限制性修改与撤销制度后的第一年内，共有83份限制性修改程序的申请，其中72件是在9个月异议期满后提出申请的，11件是在9个月异议期间提出申请的。

二、限制性修改与撤销专利权的动机

无论限制性修改还是撤销专利权，专利权人都必须缴纳相应的费用。

这看似是一个非常难以理解的问题，专利权人已经为申请与授权支出了高昂代价和成本，为什么会自己限制或撤销自己的专利权?笔者认为，主要有以下动机。

1. 防止该专利在异议程序中陷入被动

欧洲专利授权公告后，任何人都有权向欧洲专利局异议部提出该专利权的异议请求。在异议程序中，专利权人有权对自己的权利要求进行修改，但修改不得超过专利授权时权利要求书的范围。如果一件专利的独立权利要求的保护范围很宽（即很容易被无效），而其从属权利要求的保护范围很窄，即使从属权利要求被维持，专利的保护范围也将被大大缩小，专利的价值也将大打折扣。

限制性修改往往发生在检索到了一篇足以破坏专利独立权利要求新颖性的现有技术的文献。如果专利权人主动提出限制性修改，只要修改后的权利要求能够得到说明书的支持，就能够得到允许，从而不至于使权利要求的保护范围被异议程序过度缩小。

例如，原独立权利要求是一种金属装置，两个从属权利要求分别是一种铁装置、一种铜装置，说明书公开了金、银、铜、铁四种装置。专利授权之后才检索到一篇银装置的现有技术文献，由于“银”是“金属”的下位概念，这篇现有技术文献足以破坏原独立权利要求的新颖性。如果第三方向异议部提出异议，则专利权人只能将权利要求修改为保护“铁”和“铜”两种装置。但是，如果在第三方异议之前，专利权人主动提出限制性修改，则可以将权利要求的保护范围限缩到“金”“铁”“铜”三种装置。这样既不会扩大原专利的保护范围，也能够得到说明书的支持。与异议程序的结果相比，多了一个“金”装置的技术方案。

2. 保护社会公众的利益

限制性修改与撤销制度维护了法律的稳定性，并提升了专利的整体质量，将那些不应当被授权的有“水分”的技术方案从原来的保护范围中剔除，从而保护了社会公众对现有技术的自由使用。在这一过程中企业也能提升其专利的稳定性，增加专利组合的整体价值。

3. 将技术方案升级为技术标准

一般情况下，除必要专利（Essential Patent）之外，标准化组织不允许将专利技术纳入技术标准中，否则将使该专利成为强制性使用的对象，专利权人可因此获得大量许可收益。如果专利权人希望将自己的技术方案纳入技术标准，从而掌控未来技术的发展趋势，通过限制性修改与撤销制度的手段，能够以非常低的成本放弃技术方案的专利权，从而增加其入选技术标准的可能性。

第二节　限制与撤销制度的程序

一、专利权人的请求

1. 提出请求的主体

提出限制性修改和撤销专利权的主体只能是专利权人，而不能是其他主体【A105a】。对于任何一件已经授权的欧洲专利，或者是在异议程序或限制性修改程序中修改过的欧洲专利，专利权人都可以向欧洲专利局提交限制性修改和撤销专利权的请求书，只要其对象是针对该专利最新状态的法律文本即可。

由于限制性修改和撤销专利权是对专利保护范围不利的决定，因此，如果专利权人是多数，必须全体专利权人共同提出请求；而如果是部分专利权人提出请求，则必须提供请求人获得全体专利权人许可该行为的证明。

专利权人必须以欧洲专利局规定的官方语言书面提出请求，使用欧洲专利局第 2380 号标准表格“Request for limitation or revocation of a European patent”，并在第一部分就指明所需要进行限制性修改或者撤销的专利信息，具体如图 6－1 所示。

2. 请求书的要求

如果专利权人是以其所属成员国的官方语言提出的请求，则应当在指定期限内提交欧洲专利局官方语言的翻译【R92.1】。请求书应包括【R92.2】：

I. **Data concerning the patent** (R. 92(2)(b) EPC)

Patent No.	
Application No.	
Contracting states in which the patent has taken effect	
Extension/validation states in which the patent has taken effect	

图 6－1　限制性修改或者撤销的专利信息

（a）请求人（全体专利权人）的信息，以及请求人是哪些成员国的专利权人的信息；

（b）被请求专利的专利号，以及该专利生效的成员国清单；

（c）如果请求人不是全体专利权人，应提供获得全体专利权人许可该行为的证明；

（d）在对专利提出限制性修改请求的情况下，提交修改后权利要求书的完整版本，如果对说明书和附图进行过修改，还需提交修改后的说明书和附图的完整版本；

（e）如果请求人指定了代理人，则要按规定填写代理人的信息。

如果审查部认为所提交的文件存在缺陷，就要通知请求人在指定的期限内进行补正，逾期未补正的，审查部将驳回请求【R94】。

提交请求书并没有任何期限，在专利授权之后的任何时间，甚至是专利已经超过保护期而失效之后，专利权人都能够提出请求。但是，基于异议优先的规定【R93】，只要该专利当前处于异议程序中，就必须等异议程序完成后，方可提出请求，否则视为未提出。

3. 缴纳费用

专利权人必须按期缴纳限制性修改费或撤销费，否则其请求视为未提出。该笔费用由欧洲专利局公布的《缴费规则》确定，目前申请对一件专利进行限制性修改的费用为 1 165 欧元，申请撤销一件欧洲专利的费用为 525 欧元。

二、审查部的审查

对于限制性修改和撤销专利权的请求，由欧洲专利局审查部负责审查，并根据审查结果作出决定【R91】。在第2380号表格中，专利权人需要对限制性修改还是撤销专利权进行明确选定，如图6-2所示。

II. Request

☐ **Revocation** of the above-mentioned European patent

☐ **Limitation** of the above-mentioned European patent

Proprietor's or representative's reference
(max. 15 spaces)

图6-2 限制性修改与撤销专利权的选项

1. 对于限制性修改的审查

对于限制性修改的请求，除了与专利申请审查相同的形式与格式要求之外，审查部将重点审查修改后的专利保护范围是否确实构成对专利授权时保护范围的一种限制【R95.2】，任何扩大原权利要求保护范围的修改都是不允许的。除此之外，所有审查的标准与专利申请审查的标准相同。如果审查员认为不符合这些要求，将给予请求人在指定期限内修改的机会，在适当的时候，可以对说明书和附图进行修改，但不能增加新的实验数据。

限制后的专利权利要求的保护范围必须比专利授权时的保护范围更小，但仍然需要得到说明书的支持，如果修改后尽管缩小了保护范围，但不能得到说明书的支持，这样的修改也是不允许的。例如，原专利要求保护的数值范围是0~100，原说明书公开了0、50、100这三个数值点的技术方案，如果限制性修改的权利要求为10~90，则不应当被允许，因为10和90这两个技术方案并未在原说明书中得以公开，尽管10~90的范围落入了0~100的范围，但仍然得不到说明书的支持。如果专利权人在说明书中增加10和90这两个数值点的技术方案，则属于增加实验数据的情形，也是不允许的。可以看出，限制性修改必须在原说明书公开尽量充分时，才会较为有意义。

如果审查部认为限制性修改的请求满足要求，就要要求请求人提供修改后权利要求不同于审查所用语言的另两种欧洲专利局官方语言的翻译文本【R95.3】，请求人应当在3个月内提交，审查部才将作出允许限制专利权的决定。逾期未提供翻译文本的，审查部将驳回请求【R95.4】。

2. 对于撤销专利权的请求

对于撤销专利权的请求，审查部的工作较为简单，如果接受了撤销请求，审查部将撤销该专利权，并将撤销决定送达请求人【R95.1】。如果撤销请求中有附条件的要求，审查部将不予接受，任何附条件的撤销都是不允许的。

如果审查部认为撤销专利权的请求满足要求，则应当作出允许撤销该欧洲专利的决定；否则，应当驳回请求。

三、新专利文件的公布与效力

限制性修改或撤销专利权的决定自其在《欧洲专利公报》上公告之日起生效【A105b.3】，该决定对所有专利申请时的指定成员国都会发生效力，因此专利权人不能对个别成员国进行限制性修改或撤销。对于限制性修改的专利权，在其决定公告后，应当尽快公布经修改后的欧洲专利文件，此时该专利说明书为B3文献。

惠普公司曾经向欧洲专利局提出了第一件限制性修改请求，并最终被审查通过，从欧洲专利局公布的著录项目中，可以清楚地看到B3文献的出版，如图6－3所示。

Lightfade-stable ink formulations based on blends of rhodamines and metal-containing dyes

Page bookmark	EP1333070 (A1) - Lightfade-stable ink formulations based on blends of rhodamines and metal-containing dyes	
Inventor(s):	WANG PATRICIA A [US]; KABALNOV ALEXEY S [US] +	
Applicant(s):	HEWLETT PACKARD CO [US] +	
Classification:	- international:	***B41J2/01; B41M5/00; C09D11/00;*** (IPC1-7): C09D11/00
	- cooperative:	C09D11/32
Application number:	EP20030250259 20030115	Global Dossier
Priority number(s):	US20020062596 20020130	
Also published as:	EP1333070 (B1) EP1333070 (B3) US2003159616 (A1) US6808555 (B2) JP2008138212 (A) → more	

图6－3　惠普公司某专利的著录项目

从图6－3中可以看出，该专利在欧洲专利局有B1、B3两种类型的文献，专利授权后公开的专利文献为B1类文献，专利权人主动进行限制性修改并经审查通过后公开的专利文献为B3类文献。对比B1和B3文献的独立权利要求就看以看出，该专利的保护范围被进行了限缩，如图6－4、图6－5所示。

Claims

1. An inkjet ink formulation comprising:

   a mixture of an effective amount of a rhodamine dye and an effective amount of a metalized magenta dye in an ink vehicle, wherein the rhodamine dye is Acid Red 52.

图6－4　惠普公司某专利B1文献的独立权利要求

Claims

1. An inkjet formulation comprising:

   a mixture of an effective amount of a rhodamine dye and an effective amount of a metalized magenta dye in an ink vehicle, wherein the rhodamine dye is Acid Red 52, and wherein the amount of the metalized magenta dye is sufficient to achieve an absorbance of 0.03 to 0.20 at a 1:10000 dilution as measured at a peak absorbance wavelength located between 500 and 600 nm.

图6－5　惠普公司某专利B3文献的独立权利要求

欧洲专利局并没有公布该专利的B2类文献，这说明截至目前，该专利还没有被提出异议。

对于已经撤销的专利权，其效力视为自始不存在。对于限制性修改后的专利权，其效力也具有溯及力，被视为自专利授权时保护范围就已经得到了限缩。

思考与练习

1. 哪些人有资格提出限制性修改或撤销专利权？
2. 专利权人进行限制性修改的动机是什么？
3. 对限制性修改请求的审查标准是什么？
4. 对撤销专利权请求的审查标准是什么？
5. 在专利异议程序中提出限制性修改应当如何处理？
6. 限制性修改与撤销专利权的决定公告后具有怎样的法律效力？

第七章　欧洲专利的上诉制度

本章要点

（1）上诉的基本条件；

（2）可接受的上诉理由；

（3）上诉的法律效力；

（4）上诉委员会的审查；

（5）扩大上诉委员会的审查。

欧洲专利中的上诉（Appeal）制度类似于我国专利中的复审制度，它是当事人对欧洲专利局决定不服的一种救济手段。实际上，受理处、审查部、异议部和法律部所作出的决定并非完全正确，所认定的事实和适用的法律可能存在瑕疵，如果当事人启动了上诉程序，则将由欧洲专利局的上诉委员会、扩大上诉委员会处理上诉过程中的法律事务，受理处、审查部、异议部和法律部的工作人员不作为上诉委员会和扩大上诉委员会的成员。

第一节　上诉的基本条件

一、当事人、请求书与费用

1. 上诉当事人

因欧洲专利局的决定而受不利影响的当事人可以提出上诉，该当事人为上诉人【A107】，例如，专利申请人对审查部的驳回决定不服，可以作为上诉程序的当事人。对于上诉程序的当事人并没有严格的要求，只要该当事人在欧洲专利局的法律程序中的请求未获得完全支持，就属于上述“不利影响”的情形。因此，如果全部当事人的请求都未获得完全支持，他们均可以提出上诉。

同一法律程序的其他当事人依法当然作为上诉程序的当事人，有权参与上诉程序，有权陈述意见或参加口头审理，有权收到上诉程序中各种文件的副本。但是，该当事人并不享有与上诉人相同的权利，仅限于针对上诉人提出的问题进行答复，如果唯一的上诉人或全体上诉人撤回上诉，则上诉程序也将终止。例如，专利权人对异议部撤销决定不服，异议请求人也是上诉程序的当事人。

通常情况下，只有原审程序中的当事人才能够作为上诉程序中的上诉人，但是，上诉权可以转让，如果受让人在业务或利益方面与原审决定有利害关系，受让人也可以提出上诉。

2. 上诉请求书与上诉理由书

上诉人应当自收到欧洲专利局决定之日起 2 个月内提交上诉请求书，4 个月内提交上诉理由书【A108】。该期限不得延长，逾期提交的，上诉委员会将不予受理，当事人也丧失了上诉的权利。

上诉书由上诉请求书和上诉理由书组成，欧洲专利局网站上并没有提供上诉程序的标准表格。上诉请求书是上诉人表达对决定不服的一种意思表示，只要提交了上诉请求书，公众便能够获知原决定将处于受审查的阶段，原决定尚未生效。上诉请求书包括【R99.1】:

(a) 上诉人的详细信息，包括姓名与地址等；

(b) 被上诉的决定；

(c) 限定上诉理由的请求。

上诉理由书是对上诉请求的进一步详述，包括【R99.2】:

(a) 欧洲专利局决定应予撤销或修改的理由，写明针对决定的哪一部分；

(b) 支持上诉理由的事实与证据。

上诉请求书和上诉理由书都应当符合《实施细则》中与专利申请相同的语言与形式要求【R99.3】。

包括证据材料在内的所有书面文件都应当按期提交，对于逾期提交的新证据，上诉委员会一般不予接受。只有当上诉人充分说明新证据提交的理由时，上诉委员会才有可能会接受新证据。

3. 上诉费用

上诉人应当自收到欧洲专利局决定之日起 2 个月内缴纳上诉费用，未缴纳上诉费用之前上诉请求视为未提出。根据目前欧洲专利局公布的缴费标准，提出一件上诉请求的费用为 1 880 欧元。

在两种特殊情况下，上诉费用可以退还：① 如果原决定作出的依据实质性违反了法律程序，且退还费用是公平合理的；② 如果上诉人在提交陈述意见之前且在提交陈述意见期满之前撤回上诉请求的。第一种情况由原审部门决定是否退还上诉费，第二种情况由上诉委员会决定是否退还上诉费【R103】。

二、上诉理由

1. 可以上诉的决定

对受理处、审查部、异议部和法律部的决定不服，可以提出上诉，如果该决定不会对当事人法律程序的继续产生影响，则必须将该决定与最终决定一并提出上诉【A106.1~2】。即使欧洲专利在所有指定的成员国中已经放弃或已失效，对异议部的决定仍然可以提出上诉【R98】。

2. 不可上诉的决定

除受理处、审查部、异议部和法律部的决定之外，对于其他部门所作出的决定不服的，当事人无权上诉。因此，对检索部、上诉委员会和扩大上诉委员会决定不服的，即使当事人提出上诉，欧洲专利局也不会受理。

对于欧洲专利局发出的不构成“决定”的通知，当事人也无权提出上诉。例如，专利申请人对审查意见通知书不服的，不能提出上诉，只有当收到驳回专利申请的通知时，才能够针对该驳回决定提出上诉请求。

如果上诉理由并非“不利影响”，则当事人无权提出上诉。例如，在异议程序中，异议部作出了基于原专利文本维持专利权的决定，此时并没有产生对专利权人任何不利的影响，专利权人无权提出上诉，实际上也不会上诉。

在专利异议期间，对于异议部有关费用的决定不服的，当事人不能将其作为唯一的上诉对象【A106.3】，即异议程序中的费用分配决定不能是上诉的唯一理由，除非当事人被分配的费用数额高于上诉费数额时，才能对确定费用数额分配的决定提出上诉【R97】。

三、上诉的法律效力

1. 中止原决定的执行

上诉程序具有司法属性，其目的在于审查对原部门所作决定的合法性进行审查。一旦启动了上诉程序，意味着原决定有可能是错误的，因此，在上诉期间原决定中止执行。例如，审查部驳回专利申请的决定，在专利申请人上诉期间，该专利申请的驳回决定并未正式生效，此时专利申请人仍然能够提出分案申请的请求。正是由于上诉过程中原决定并未正式生效，因此原决定也不会正式公布。只有当申请人超过可上诉期间未提出上诉，或上诉委员会作出了终局决定，才会在《欧洲专利公报》上予以公开。

2. 上诉不加罚原则

上诉程序属于当事人对自己权益的一种救济和保护途径，如果上诉有可能使当事人陷入更加被动的局面，则当事人在提出上诉时会有所顾忌。因此，上诉委员会不得使上诉人处于对其更加不利的地位，即使上诉委员会发现了原决定属于“轻判”的情形，也不能依职权将原决定进行改变从而加重当事人的不利后果。例如，异议部基于修改后的专利文本维持专利权有效，如果专利权人启动上诉程序，上诉委员会就不能作出撤销该专利权的决定，即便上诉委员会发现了该专利权应当被撤销的理由，也不能作出撤销该专利权的决定，否则会使上诉人面临更加不利的情形。

第二节 上诉委员会的审查

一、审查依据

上诉委员会将对上诉人及其提交的文件是否符合《公约》与《实施细则》的规定进行审查，具体依据如下：

① 上诉所针对的决定是否是可上诉的决定【A106】；

② 上诉人是否具有上诉的资格【A107】；

③ 上诉的期限和形式是否符合要求【A108】；

④ 上诉请求书和上诉理由书的内容是否符合要求【R99】；

⑤ 是否缴纳了上诉费用【A108】；

⑥ 原审部门作出决定所依据的规定，在上诉程序中同样适用【R100.1】。

如果上诉请求书或上诉理由书中存在可以补正的缺陷，则上诉委员会将给予上诉人在指定期限内补正的机会，逾期未补正的，上诉请求将被驳回。根据一事不再理原则，被驳回的上诉请求不能再次提出上诉请求，除非申请人拿出了期限恢复或者权利恢复的证据。

二、原审部门前置审查

前置审查的作用在于提高原决定的纠错效率，毕竟原审部门对于决定所依据的事实与法律已经非常熟悉。作出决定的原审部门有权对上诉请求进行前置审查，再一次对决定的合法性进行把关。

在单方法律程序（如专利审查程序）中，如果原审部门认为上诉可受理并且理由充分，则应当更正原来的决定，并继续进行原来的审查程序。但是，在双方法律程序（如专利异议程序）中，即使原审部门认为决定是错误的，也不能够进行更正，否则将剥夺另一方当事人的答辩权利。如果原审部门自收到上诉理由书后 3 个月内不接受上诉理由，则应当将上诉文件转送至上诉委员会，并不得对上诉请求的实质性问题再次发表意见【A109】。

三、上诉委员会审查的程序

1. 书面审理程序

如果原审部门支持原决定的正确性，上诉委员会将根据上诉材料对原决定认定的事实和证据是否正确以及适用法律是否正确进行审查。在审查过程中，上诉委员会应当将自己或一方提交的文件转送对方当事人，要求其在指定的期限（一般为 4 个月）内陈述意见【R100.2】，该期限适用于期限延长的规定，经当事人申请后由上诉委员会作出是否延长的决定。如果当事人逾期未作出答复，将丧失实体上的权利。例如，如果专利申请人对驳回决定不服而提出上诉，又未按期对上诉委员会作出答复，则该专利申请被视为撤回。

如果上诉委员会成员对案件存在利益关系可能影响案件处理的，或者自己认为不适合参与案件的，经当事人提出或上诉委员会决定，应当回避【A24】。

2. 口头审理程序

一般情况下，在书面审理程序终止后，如果上诉委员会认为有必要，或者一方当事人要求进行口头审理，上诉委员会应当举行口头审理程序。口头审理所依据的材料通常为当事人已经提交的文件，如果当事人提交了新文件，则必须充分说明理由，由上诉委员会自由裁量是否接受该新文件，如果接受新文件必将导致口头审理程序的延期，则一般不予接受。

（1）口头审理的启动

上诉委员会认为有必要或者应当事人请求，可以进行口头审理，则由上诉委员会举行的口头审理应当公开进行，但如果公开审理会产生特别严重的不良后果，口头审理也可以不公开进行【A116.4】。但无论是否公开审理，口头审理的决定应当公开，这是对公众知情权的一种保障。如果当事人就同样的理由和同样的法律问题向同一部门再次进行口头审理的，欧洲专利局可以驳回其请求【A116.1】。

（2）口头审理的召集

上诉委员会应当至少提前 2 个月发出口头审理的召集通知，除非当事人同意在更短的期限内举行口头审理。在发出口头审理通知时，应当告知当事人，如果其不参加口头审理，上诉委员会能够进行缺席审理，而不会将口头审理程序延后【R115】。

上诉委员会在发出召集口头审理通知时，应当在通知书中写明口头审理将讨论的争议焦点，确定在口头审理程序中提交文件的期限，该期限不得延长，对于超过该期限提交的文件，一般不予考虑【R116.1】。

（3）口头审理的记录

口头审理中的当事人信息、进展程序或证据情况都应当记入笔录。对于当事人的陈述、证人证言及专家意见，无论笔录是书面记录还是电子手段（如录音）记录，都需要与其本人进行核对，除非其本人放弃核对的权利。最终的笔录还应当有口头审理的主持人及笔记记录人的签字。上诉委员会应当将笔录副本送达各方当事人【R124】。

3. 上诉决定及其法律效力

（1）上诉决定的作出部门

由于上诉委员会享有原审部门的所有职权，因此上诉委员会可以在自己审查和发回原审之间进行选择。通常情况下，如果案件的事实部分没有调查清楚，或者事实发生了新的变化，则上诉委员会将选择发回重审，由原审部门作出决定。在书面审理或口头审理结束后，如果上诉委员会认为已经认清了事实与证据，则可以自己作出决定。

（2）上诉决定的法律效力

对于当事人而言，上诉决定具有终局性，如果当事人对上诉决定不服，只有在特定条件下，才能够请求扩大上诉委员会进行复审。

对于原审部门而言，如果上诉委员会作出决定或将案件发回原审部门，针对相同的事实，上诉委员会决定的理由对原审部门具有拘束力。如果被上诉的原决定是由受理处作出的，则上诉委员会决定的理由对审查部具有拘束力【A111】。

（3）决定书的内容

决定及作出决定的理由应当以书面方式送达上诉程序的当事人。上诉委员会作出决定经主席及主管该案的审查员签字后生效，决定书包括

【R102】:

(a) 上诉委员会所作决定的说明;

(b) 作出决定的日期;

(c) 上诉委员会主席的姓名及参加该委员会的人员的姓名;

(d) 上诉各方及其代表的姓名;

(e) 上诉程序当事人的意见;

(f) 案情的简单介绍;

(g) 决定的理由;

(h) 决定的正文,必要时包括关于程序费用的裁决。

4. 上诉程序的终止

上诉委员会作出生效的决定之后,上诉程序即告终止。在作出决定之前,如果唯一的上诉人或者全体上诉人撤回或被视为撤回上诉,上诉程序也告终止。

第三节 扩大上诉委员会的审查与复审

欧洲专利局下设一个扩大上诉委员会,由七位经验丰富的上诉审查员(五名具有法律资格,两名具有技术资格)组成,其核心职能在于统一法律适用,因此,当上诉委员会决定之间存在冲突,或者特定案件引起了重大法律问题时,可以提请扩大上诉委员会审查或复审。在程序方面,扩大上诉委员会适用《扩大上诉委员会程序规则》(Rules of Procedure of the Englarged Board of Appeal)中的规定。

一、扩大上诉委员会的审查

1. 审查程序的启动

上诉委员会在审查上诉请求中,如果认为必须通过扩大上诉委员会才可以实现法律适用的统一或者法律争议的解决,则可以依职权或者依当事人的请求,将有关问题提请扩大上诉委员会。若上诉委员会拒绝当事人要求将有关问题提请扩大上诉委员会审查的,则应当在最终决定中说明拒绝的理由。欧洲专利局的局长认为两个上诉委员会就同一法律问题作出不同决定的，也可以将该法律问题提请扩大上诉委员会审查决定【A122.1】。

扩大上诉委员会建立的目的并非处理一般的法律问题，而是为了统一法律适用，或者解决重大法律问题，因此，对于欧洲专利局各部门所作出的一般决定，不能请求扩大上诉委员会来裁决。

如果扩大上诉委员会成员对案件存在利益关系可能影响案件处理的，或者自己认为不适合参与案件的，经当事人提出或扩大上诉委员会决定，应当回避【A24】。

2. 审查程序的当事人

上诉程序中的当事人应当作为扩大上诉委员会审查程序中的当事人【A122.2】，拥有发表答辩意见、接收通知、参加口头审理等权利。如果发生了权利的转移，新的当事人应当提供其获得上诉权的证据，并成为扩大上诉委员会上诉程序的当事人。

3. 审查决定的法律效力

扩大上诉委员会所作出的决定具有终局效力，并且对上诉委员会具有拘束力【A122.3】，即使当事人不服决定，也不能再请求欧洲专利局进行救济。

二、扩大上诉委员会的复审

1. 复审程序的启动

受上诉委员会决定不利影响的当事人，可以请求扩大上诉委员会对上诉委员会作出的决定进行复审【A112a.1】。在复审程序中，扩大上诉委员会的组成方式为【R109.2】：

（a）由两名具有法律资格和一名具有技术资格的审查员组成，对所有请求复审的内容进行审查，对明显的不予受理的或不可接受的请求予以驳回，此驳回决定需要全体一致同意；

（b）由四名具有法律资格和一名具有技术资格的审查员组成，对不能根据上述（a）项规定驳回的任何请求进行审查。

2. 可接受的复审理由

向扩大上诉委员会提出的复审请求只能基于以下理由提出【A112a. 2】:

(a) 上诉委员会成员违反回避要求【A24. 1】所作决定，或者尽管其已经回避【A24. 2】，但仍然参与审查作出相关决定的；

(b) 上诉委员会包括了未被任命为上诉委员会成员的人；

(c) 发生了根本违反当事人听证权【A113】的情况；

(d) 在上诉程序中，发生了《实施细则》规定的根本性程序缺陷；

(e) 按照《实施细则》所规定的条件构成的犯罪行为，可能对上诉委员会作出的决定产生影响的。

对于上述 (d) 项，所谓“根本性程序缺陷”的情形是【R104】: 上诉委员会对于请求人口头审理的请求未予安排【A116】；或者对于与被上诉决定相关的请求，上诉决定中未作出裁决。

对于上述 (e) 项，所谓“犯罪行为”是指【R105】: 只要有管辖权的法院或权力机构认定有犯罪行为的发生即可，并不要求定罪。

对于上述 (a) ~ (d) 项，除非该意见从未在上诉程序中提出过，否则必须在上诉程序中已经提出过反对意见并被上诉委员会驳回的理由，才是可以被接受的复审理由【R106】。

3. 复审请求书与费用

提请扩大上诉委员会复审的当事人需要提交请求书，对于以上述 (a) ~ (d) 项为由提请复审的，当事人应当在收到上诉委员会决定通知之日起 2 个月内提出。对于以上述 (e) 项为由提请复审的，当事人应当在该行为被认定为犯罪之日起 2 个月内，并且在收到上诉委员会决定通知之日起 5 年内提出。

请求书应当在规定的期限内提出，其内容包含【R107】:

(a) 请求人的详细信息，包括姓名与地址等；

(b) 请求复审的决定；

(c) 请求撤销上诉委员会决定的理由，以及支持该理由的事实和证据。

请求书的格式应当符合《实施细则》中的相关规定，如果存在可补正的缺陷，请求人应当在扩大上诉委员会指定的期限内予以补正，逾期未补正的，扩大上诉委员会应以不予受理驳回请求。

请求人应当在上述期限内缴纳费用，否则该请求视为未提出。但是，如果确因可接受的原因导致上诉委员会重新启动程序，扩大上诉委员会应命令退还复审请求费【R110】。

4. 复审决定及其法律效力

扩大上诉委员会应当根据《公约》和《实施细则》的规定对请求进行复审，所依据的法律条款与先前各程序分别一致。如果扩大上诉委员会认为请求成立，则应当撤销上诉委员会的决定，并要求上诉委员会重新审查【A122a. 5】。扩大上诉委员会可以命令更换参与作出被撤销决定的上诉委员会的成员【R108. 3】。扩大上诉委员会的决定应当公布在《欧洲专利公报》上。

由于上诉委员会所作决定本身就具有终局性，公众基于对上诉委员会所作决定的信赖利益应当得到保障。因此，在上诉委员会决定公布后、扩大上诉委员会决定公布前，第三方基于善意在指定国已经实施或者已经做好有效的实施准备的，可以在其商业活动中继续上述使用，且无须支付费用【A112a. 6】。

在扩大上诉委员会作出决定前，由上诉委员会作出的决定仍然具有效力，不会产生中止执行的情形。

思考与练习

1. 上诉程序的当事人有哪些？
2. 可以上诉的决定和不可上诉的决定有哪些？
3. 上诉行为会产生怎样的法律后果？
4. 原审部门的前置审查程序是什么？
5. 上诉决定的法律效力是什么？
6. 扩大上诉委员会的职能是什么？
7. 扩大上诉委员会可接受的复审理由有哪些？
8. 扩大上诉委员会的复审决定具有怎样的法律效力？

第八章　Euro－PCT 专利申请制度

本章要点

（1）PCT 制度的意义；

（2）欧洲专利局作为受理局；

（3）欧洲专利局作为国际检索单位或初步审查单位；

（4）欧洲专利局作为指定局或选定局。

第一节　PCT 制度简介

一、PCT 专利申请

1. PCT 条约的出台

《专利合作条约》（Patent Cooperation Treaty，PCT）是向《巴黎公约》成员国开放的一项关于专利申请的国际条约，其主要涉及专利申请文件的提交、检索和初步审查，是对《巴黎公约》的补充。PCT 条约于 1970 年缔结，1979 年修正，并于 1984 年和 2001 年修订。截至 2015 年 8 月 30 日，已有 148 个国家加入了 PCT 条约。

PCT 国际申请是指依据 PCT 条约提出的申请，在 PCT 的合作框架下，各成员国没有也无法对专利授权达成一致认同，专利授权的任务仍然由各国家的专利局来完成。简言之，PCT 专利申请分为国际阶段与国家阶段，国际阶段解决专利申请与受理的问题，国家阶段解决专利授权的问题。

2. PCT 条约的意义

在 PCT 制度出台之前，申请人如果想获得多个国家的专利，就应当自优先权日起十二个月内分别向多个国家专利局提交多份申请文件，并缴纳相应的费用。PCT 的目标是建立专利申请的统一体系，使申请人能够：

（1）使用一种语言，向一个国家的专利局（受理局）提交一份申请文件（国际申请），在申请文件中指定多个国家（指定国）；

（2）该申请自提交受理局时获得国际申请日，自国际申请日起，在所有指定国家内获得与正规国家申请相同的效力；

（3）由一个专利局（受理局）完成申请文件的受理与形式审查，由一个专利局（国际检索单位）完成专利检索，由国际局公布，再由一个专利局（国际初步审查单位）进行国际初步审查。

对于申请人而言，在国际阶段只需选择一个受理局、一个国际检索单位和一个国际初步审查单位（非必要），即简化提出申请的手续。各国在专利申请的受理、检索和初步审查方面达成合作，减少各国专利局的重复工作，减轻成员国国家局的负担。

从专利申请人提交本地申请到最终进入国家阶段的周期如图 8－1 所示，其中数字的单位为“月”。

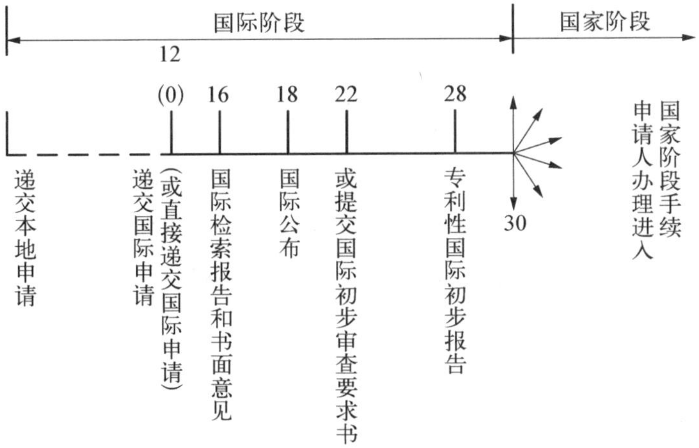

图 8－1 PCT 申请的周期

二、PCT 体系的组织机构

PCT 集专利申请的受理、检索及初步审查于一体，其运作需要多个部门的参与，这些职能机构如下。

（1）国际局（International Bureau，IB）：世界知识产权组织（World Intellectual Property Organization，WIPO）国际局；

（2）受理局（Receiving Office，RO）：受理国际申请的国家局或政府间组织；

（3）国际检索单位（International Searching Authority，ISA）：负责对国际申请进行国际检索的国家局或政府间组织；

（4）国际初步审查单位（International Preliminary Examining Authority，IPEA）：负责对国际申请进行国审查的国家局或政府间组织。

（5）指定局（Designated Office，DO）：申请人在国际申请中指明要求该国对其发明给予保护的缔约国的国家局或政府间组织。

（6）选定局（Elected Office，EO）：申请人提出 PCT 申请时指明要求该国对其发明给予保护的缔约国的国家专利局或政府间组织。

当一个国家加入 PCT 时，该国专利局自动成为受理局，而国际检索单位和国际初步审查单位需要另行审核。目前，欧洲专利局是受理局、国际检索单位和国际初步审查单位。

三、PCT 优先适用

依照 PCT 提出的国际申请，适用于 PCT 及其实施细则的规定，欧洲专利公约中的相关规定可以作为补充。当 PCT 与《欧洲专利公约》发生冲突时，以 PCT 及其实施细则的规定优先适用【A150.2】，因此《欧洲专利公约》中与 PCT 重复或冲突的条款已经逐渐被删除。

第二节　国际阶段欧洲专利局的角色

一、作为受理局

1. 对专利申请人的要求

申请人可以是自然人、法人或等同于法人的其他组织，如果专利申请人之一（不要求全体）的所属国是《欧洲专利公约》或PCT的成员国，则欧洲专利局可以作为PCT专利申请的受理局【A151】，但是不得排除成员国法律出于国家安全考虑对专利申请的限制【R157.1】，成员国仍然有权规定【A75.2】：

（a）未经本国有权机关事先审批，不得向国外公布特定性质的发明；

（b）所有的专利申请应当首先向本国专利局提出，或者经过事先批准后，才能够向其他国家机构提出专利申请。

2. 对专利申请文件的要求

在语言方面，如果将欧洲专利局作为受理局，则专利申请文件应当用英文、法文或德文提交，而不能使用成员国的官方语言。欧洲专利局局长可以规定国际申请和其他任何文件应当提交至少一份副本【R157.2】。

在受理部门方面，PCT专利申请应当直接向欧洲专利局提交，如果申请人向成员国专利局提交PCT申请文件，该成员国应当确保最晚在申请日（有优先权的，指优先权日）的第13个月到期前2周，将该申请传送至欧洲专利局【R157.3】。如果通过成员国专利局转送的，专利申请人应当缴纳130欧元的转送费。

在费用方面，受理局有权规定缴纳传送费，根据《实施细则》规定，国际申请的传送费应在该申请提出后的1个月内缴纳【R157.4】。

二、作为国际检索单位或初步审查单位

每件PCT国际申请都应经过国际检索，申请人按规定缴纳了检索费后就会启动检索程序。如果PCT专利申请人是《公约》成员国的国民或居民，则欧洲专利局应当作为国际检索单位与国际初步审查单位；如果

PCT 专利申请人是欧洲之外的人，则欧洲专利局可以作为国际检索单位与国际初步审查单位。检索报告将列出相关的对比文献，书面意见则对请求保护的发明创造是否具有新颖性、创造性、工业实用性提出初步的、无约束力的意见。

国际初步审查程序不是 PCT 申请的必经程序，而是应专利申请人的要求而启动的程序，国际初步审查报告相当于在检索报告的基础上对专利的授权前景进行了一次更深入的审查。在国际检索阶段，专利申请人不能对申请文件进行修改，而在国际初步审查阶段，审查员和申请人之间可进行交流，申请人可能会得到一份书面意见，最后会得到专利性国际初步报告，该报告对请求保护的发明创造是否具有新颖性、创造性、工业实用性提出初步的、无约束力的意见。

申请人提交了合格的国际初步审查要求书，并按规定缴纳了手续费和初步审查费后，将启动该程序。《实施细则》第 158 条对欧洲专利局作为国际检索单位或国际初步审查单位作出了具体规定：

（1）在《专利合作条约》第 17 条第 3 款 a 项（不具有单一性时的附加检索费）的情况下，只对第一个出现的发明作出检索报告，如果申请人缴纳了与检索费一样多的检索附加费，则针对已缴费部分作出检索报告。

（2）在《专利合作条约》第 34 条第 3 款 a 项（不具有单一性时的附加初步审查费）的情况下，欧洲专利局应当要求申请人对每一项已经作出检索报告的发明缴纳与初步审查费一样多的附加初步审查费。

（3）除缴纳规定的异议费之外，如果异议中已经缴纳了附加费，欧洲专利局应按照《专利合作条约实施细则》第 40 条第 2 款 c~e 项或者第 68 条第 3 款 c~e 项的规定审查该异议，并且由欧洲专利局局长确定该审查程序的进一步要求。

三、作为指定局或选定局

1. 一般规定

如果 PCT 专利申请人指定《欧洲专利公约》的成员国，希望取得的欧洲专利在该国具有保护效力，同时该国又是 PCT 的缔约国，则欧洲专利局应当作为指定局，也当然作为选定局。国际申请将欧洲专利局作为指定局与选定局，并且取得国际申请日的，其效力等同于正式提出的欧洲申请（Euro-PCT 申请）【A153.1~2】。

如果 Euro-PCT 申请已经以欧洲专利局三种官方语言之一进行了国际公布，则可以替代欧洲申请的相应的国际公布，但应当在《欧洲专利公报》上加以说明。如果 Euro-PCT 申请使用欧洲专利局官方语言之外的语言进行国际公布，则申请人应当向欧洲专利局提交官方语言的翻译，并由其用官方语言进行公布，欧洲专利申请的临时保护期从以官方语言公布之日起生效【A153.3~4】。

如果申请人向欧洲专利局缴纳了费用并提交了符合翻译要求的文件，则 Euro-PCT 申请公布后，应当被认定为现有技术【A153.5】。此时对于 Euro-PCT 申请应当作补充检索报告，行政理事会有权决定是否免除补充检索报告或减免检索费。【A153.7】。在修改不超出范围的情况下，自收到通知的 1 个月起，可以对申请文件进行一次修改，修改后的申请文件应作为补充检索的基础【R161】。

Euro-PCT 申请的国际检索报告或者替代性声明，可以替代欧洲专利检索报告，上述文件的国际公布可代替《欧洲专利公报》的相应公布【A153.6】。

2. PCT 申请人的义务

对于 Euro-PCT 申请，申请人应当自申请的递交日或优先权日起 31 个月内履行下列行为【R159.1】。

（a）适当时，提供适合欧洲专利公布的译文【A153.4】；

（b）指明作为欧洲授权程序的基础的申请文件，即原始递交的文件，或经修改的文件；

（c）缴纳专利申请费（申请费应在申请提出后的 1 个月内缴纳）【A78.2】；

（d）若指定费缴纳期限（指定费应在欧洲检索报告公布于《欧洲专利公报》之日起 6 个月内缴纳）先已届满【R39】，则缴纳指定费；

（e）若要进行补充欧洲检索报告，则缴纳检索费；

（f）如果请求审查所规定的期限先已届满【R70.1】，则递交审查请求【A94】；

（g）如果根据维持费的规定【R51.1】，第三年的维持费的缴纳先已到期【A86】，则缴纳该维持费；

（h）适当时，递交不丧失新颖性的展览证明【A55.2，R25】。

在PCT专利申请文件已经符合形式要求的情况下，审查部将对该专利申请的可专利性进行审查，审查标准与欧洲专利申请的审查标准一致。

3. 不履行义务的法律后果

如果申请人未按期递交国际申请的译文或审查请求，或者未按期缴纳申请费、检索费或者指定费，则该欧洲专利申请视为撤回。对于指定了成员国但未按期缴纳指定费的，则对该成员国的指定视为撤回【R160】。

如果专利申请人通过国际阶段后，选择进入欧洲专利局的国家阶段，那么相关的审查标准、授权条件等，与欧洲专利局的专利申请流程完全相同。

思考与练习

1. PCT的规定与《欧洲专利公约》发生冲突时应当如何处理？
2. 欧洲专利局作为受理局，对专利申请人有怎样的要求？
3. 欧洲专利局作为受理局，对专利申请文件有怎样的要求？
4. 当PCT专利申请不具有单一性时，应当缴纳哪些特殊费用？
5. 欧洲专利局作为指定局或选定局，Euro－PCT申请人有哪些义务？

参 考 文 献

[1] European Patent Office. The European Patent Convention. [2017-2-9]. http://www.epo.org/law-practice/legal-texts/epc.html.

[2] European Patent Office. Guidelines for Examination in the European Patent Office. [2017-2-9]. http://www.epo.org/law-practice/legal-texts/guidelines.html.

[3] European Patent Office. Examination at the EPO as PCT Authority. [2017-2-9]. http://www.epo.org/law-practice/legal-texts/guidelines-pct.html.

[4] 理查德·哈康，约亨·帕根贝格. 简明欧洲专利法. 何怀文，刘国伟，译. 北京：商务印书馆，2015.

[5] 孙那，王宇博. 欧盟统一专利法院概况. 科技与法律，2015 (1)：150-163.

[6] 李晴晴. 欧洲专利局发展趋势分析与启示. 中国发明与专利，2015 (7)：22-24.

[7] 周春慧. 专利审判一体化的尝试　欧盟设立统一专利法院的进展. 电子知识产权，2014 (1)：46-47.

[8] 秦坤. 新欧洲专利制度研究. 重庆：西南政法大学，2014.

[9] 任晓玲. 欧洲专利申请程序有所改变——《欧洲专利公约实施细则》最新修订条款生效. 中国发明与专利，2011 (3)：105.

[10] 周洁. 获得欧洲专利的途径和评述. 无线互联科技，2011 (4)：65-67.

[11] 张玉龙，张学安. 欧洲专利公约的回顾与展望. 公安学刊-浙江警察学院学报，2009 (4)：50-52，58.

[12] 卢慧生. 发展中的欧洲专利局和欧洲专利制度. 中国发明与专利，2008 (11)：73-74.

[13] 文家春，朱雪忠，陈国清. 欧洲专利与共同体专利及其协调浅析研究与发展管理，2005，17 (3)：90-95.

附录1 《欧洲专利公约(2000年)》结构

PART Ⅰ GENERAL AND INSTITUTIONAL PROVISIONS

Chapter Ⅰ General provisions

Chapter Ⅱ The European Patent Organisation

Chapter Ⅲ The European Patent Office

Chapter Ⅳ The Administrative Council

Chapter Ⅴ Financial provisions

PART Ⅱ SUBSTANTIVE PATENT LAW

Chapter Ⅰ Patentability

Chapter Ⅱ Persons entitled to apply for and obtain a European patent

Chapter Ⅲ Effects of the European patent and the European patent application

Chapter Ⅳ The European patent application as an object of property

PART Ⅲ THE EUROPEAN PATENT APPLICATION

Chapter Ⅰ Filing and requirements of the European patent application

Chapter Ⅱ Priority

PART Ⅳ PROCEDURE UP TO GRANT

PART Ⅴ OPPOSITION AND LIMITATION PROCEDURE102

PART Ⅵ APPEALS PROCEDURE

PART Ⅶ COMMON PROVISIONS

Chapter Ⅰ Common provisions governing procedure

Chapter Ⅱ Information to the public or to official authorities

Chapter Ⅲ Representation

PART Ⅷ IMPACT ON NATIONAL LAW

Chapter Ⅰ Conversion into a national patent application

Chapter Ⅱ Revocation and prior rights

Chapter Ⅲ Miscellaneous effects

PART Ⅸ SPECIAL AGREEMENTS

PART Ⅹ INTERNATIONAL APPLICATIONS UNDER THE PATENT COOPERATION TREATY - EURO - PCT APPLICATIONS

PART Ⅺ TRANSITIONAL PROVISIONS

PART Ⅻ　FINAL PROVISIONS

第Ⅰ部分　一般性规定与机构设置
- 第Ⅰ章　一般性规定
- 第Ⅱ章　欧洲专利组织
- 第Ⅲ章　欧洲专利局
- 第Ⅳ章　行政委员会
- 第Ⅴ章　财务规定

第Ⅱ部分　实体专利法
- 第Ⅰ章　专利性条件
- 第Ⅱ章　有权申请和获得欧洲专利的主体
- 第Ⅲ章　欧洲专利和欧洲专利申请的法律效力
- 第Ⅳ章　作为财产标的的欧洲专利申请

第Ⅲ部分　欧洲专利申请
- 第Ⅰ章　欧洲专利申请的提出及其法律规定
- 第Ⅱ章　优先权

第Ⅳ部分　专利申请的审查程序

第Ⅴ部分　专利异议程序和限制性修改程序

第Ⅵ部分　上诉程序

第Ⅶ部分　共同性规定
- 第Ⅰ章　普通程序性规定
- 第Ⅱ章　面向公众和官方机构的信息公开
- 第Ⅲ章　专利代理

第Ⅷ部分　对成员国法律的影响
- 第Ⅰ章　转换为成员国的国家专利申请
- 第Ⅱ章　欧洲专利的撤销和在先权利
- 第Ⅲ章　对成员国法律的其他效力

第Ⅸ部分　特别协议

第Ⅻ部分　根据 PCT 条约提出的国际申请：Euro－PCT 申请

第Ⅺ部分　过渡条款

第Ⅻ部分　最后条款

附录2 《欧洲专利公约(2000年)实施细则》结构

PART Ⅰ IMPLEMENTING REGULATIONS TO PART Ⅰ OF THE CONVENTION

Chapter Ⅰ General provisions

Chapter Ⅱ Organisation of the European Patent Office

PART Ⅱ IMPLEMENTING REGULATIONS TO PART Ⅱ OF THE CONVENTION

Chapter Ⅰ Procedure where the applicant is not entitled

Chapter Ⅱ Mention of the inventor

Chapter Ⅲ Registration of transfers, licenses and other rights

Chapter Ⅳ Certificate of exhibition

Chapter Ⅴ Biotechnological inventions

PART Ⅲ IMPLEMENTING REGULATIONS TO PART Ⅲ OF THE CONVENTION

Chapter Ⅰ Filing of the European patent application

Chapter Ⅱ Provisions governing the application

Chapter Ⅲ Renewal fees

Chapter Ⅳ Priority

PART Ⅳ IMPLEMENTING REGULATIONS TO PART Ⅳ OF THE CONVENTION

Chapter Ⅰ Examination by the Receiving Section

Chapter Ⅱ European search report

Chapter Ⅲ Publication of the European patent application

Chapter Ⅳ Examination by the Examining Division

Chapter Ⅴ The European patent specification

PART Ⅴ IMPLEMENTING REGULATIONS TO PART Ⅴ OF THE CONVENTION

Chapter Ⅰ Opposition procedure

Chapter Ⅱ Procedure for limitation or revocation

PART Ⅵ IMPLEMENTING REGULATIONS TO PART Ⅵ OF THE CONVENTION

Chapter Ⅰ Appeals procedure

Chapter Ⅱ Petitions for review by the Enlarged Board of Appeal

PART VII IMPLEMENTING REGULATIONS TO PART Ⅶ OF THE CONVENTION

Chapter Ⅰ Decisions and communications of the European Patent Office

Chapter Ⅱ Observations by third parties
Chapter Ⅲ Oral proceedings and taking of evidence
Chapter Ⅳ Notifications
Chapter Ⅴ Time limits
Chapter Ⅵ Amendments and corrections
Chapter Ⅶ Information on prior art
Chapter Ⅷ Interruption of proceedings
Chapter Ⅸ Information to the public
Chapter Ⅹ Legal and administrative cooperation
Chapter Ⅺ Representation
PART Ⅷ IMPLEMENTING REGULATIONS TO PART Ⅷ OF THE CONVENTION
PART Ⅸ IMPLEMENTING REGULATIONS TO PART Ⅹ OF THE CONVENTION

第Ⅰ部分 适用于公约第Ⅰ部分的实施细则
第Ⅰ章 一般规定
第Ⅱ章 欧洲专利局的组织
第Ⅱ部分 适用于公约第Ⅱ部分的实施细则
第Ⅰ章 专利申请人不适格时的程序
第Ⅱ章 发明人的署名权
第Ⅲ章 转让、许可和其他权利的登记
第Ⅳ章 展出证明
第Ⅴ章 生物技术发明
第Ⅲ部分 适用于公约第Ⅲ部分的实施细则
第Ⅰ章 欧洲专利申请的提出
第Ⅱ章 关于申请的规定
第Ⅲ章 维持费
第Ⅳ章 优先权
第Ⅳ部分 适用于公约第Ⅳ部分的实施细则
第Ⅰ章 受理处的审查
第Ⅱ章 欧洲检索报告
第Ⅲ章 欧洲专利申请的公布
第Ⅳ章 审查部的审查
第Ⅴ章 欧洲专利说明书
第Ⅴ部分 适用于公约第Ⅴ部分的实施细则
第Ⅰ章 异议程序
第Ⅱ章 限制性修改与撤销程序
第Ⅵ部分 适用于公约第Ⅵ部分的实施细则
第Ⅰ章 上诉程序

第Ⅱ章　请求扩大上诉委员会复审
第Ⅶ部分　适用于公约第Ⅶ部分的实施细则
第Ⅰ章　欧洲专利局的通知和决定
第Ⅱ章　第三方意见
第Ⅲ章　口头审理与取证
第Ⅳ章　通知
第Ⅴ章　期限
第Ⅵ章　修改与更正
第Ⅶ章　现有技术信息
第Ⅷ章　程序的中止
第Ⅸ章　面向公众的信息
第Ⅹ章　法律与行政合作
第Ⅺ章　代表人
第Ⅷ部分　适用于公约第Ⅷ部分的实施细则
第Ⅸ部分　适用于公约第Ⅹ部分的实施细则

内容提要

informative abstract

本书以《欧洲专利公约（2000年）》和《欧洲专利公约（2000年）实施细则》为基础，对欧洲专利组织、欧洲专利申请与审查、异议、上诉、限制性修改和撤销制度以及Euro－PCT制度进行了介绍，全书共分八章。第一章为欧洲专利制度的起源与现状；第二章为欧洲专利申请的实体要求；第三章为欧洲专利申请的程序要求；第四章为欧洲专利申请的审查制度；第五章为欧洲专利的异议制度；第六章为欧洲专利的限制与撤销制度；第七章为欧洲专利的上诉制度；第八章为Euro－PCT专利申请制度。

本书可作为高等学校知识产权相关专业本科生、研究生的学习指导书，也可供专利律师、企业专利工程师及研发人员参考使用。